中等职业技术教育精品教材建设项目

U0794091

壮族服饰制图与工艺

主　编　梁　新　梁　微　陶修彪

副主编　覃玉香　黄　园　韦　芸　韦婷婷　韦　通

参　编　陈仁烈　韦必泉　韦　涛　杨庚兰　梁晓明

龙镜森　黄志诚　覃朝业

西南交通大学出版社

·成　都·

图书在版编目（CIP）数据

壮族服饰制图与工艺／梁新，梁微，陶修彪主编
．—成都：西南交通大学出版社，2022.5
ISBN 978-7-5643-8693-1

Ⅰ．①壮… Ⅱ．①梁… ②梁… ③陶… Ⅲ．①壮族－民族服饰－服装工艺－中国－中等专业学校－教材 Ⅳ．①TS941.742.8

中国版本图书馆 CIP 数据核字（2022）第 082215 号

Zhuangzu Fushi Zhitu yu Gongyi
壮族服饰制图与工艺

主　编／梁 新　梁 微　陶修彪
责任编辑／李晓辉
封面设计／原创动力

西南交通大学出版社出版发行
（四川省成都市金牛区二环路北一段 111 号西南交通大学创新大厦 21 楼　610031）
发行部电话：028-87600564　028-87600533
网址：http://www.xnjdcbs.com
印刷：四川煤田地质制图印刷厂

成品尺寸　185 mm × 260 mm
印张　7.25　　字数　150 千
版次　2022 年 5 月第 1 版　　印次　2022 年 5 月第 1 次

书号　ISBN 978-7-5643-8693-1
定价　35.00 元

课件咨询电话：028-81435775
图书如有印装质量问题　本社负责退换

前言

壮族服饰历史悠久，男子、女子的服饰，男子、已婚女子、未婚女子的头饰，各有不同又各具特色，在缝制工艺上也有讲究。

本书共分六个项目：项目一介绍壮族服饰工艺特点；项目二介绍壮族服饰品制作，包括壮族肚兜制图与制作工艺，壮族女士、男士帽子制图与缝制工艺；项目三介绍壮族传统女装制图与制作工艺；项目四则介绍传统与现代相结合的壮族女式套装；项目五介绍传统壮族男士套装的制图与缝制工艺；项目六是壮族服饰欣赏。

本书注重实施过程，注重学生专业能力、方法能力与综合职业能力的培养，以案例学习和任务驱动的项目化教学活动形式设置内容，以期让学生能够对壮族服饰文化有更深层次认识，掌握壮族服饰不同款式的制图能力、服装缝制能力，使学生能自主学习与实践，从而获取对应的知识与技能，为今后的就业和继续学习打下一定的基础。

本书内容丰富、图文并茂，突出实用特征，技能操作步骤直观，便于学生学习。本书在编写过程中，得到了来宾职业教育中心学校各专业骨干教师的大力支持和帮助，服装专业的覃玉香、黄园、韦芸、韦婷婷、韦通等老师参与部分项目任务编写，在此表示衷心感谢。

由于编写时间紧张，作者水平有限，且民族服饰课程还在不断发展，书中难免存在不足之处，恳请各位专家和广大读者指正。

编　者

2022 年 3 月

目录

项目一 | 壮族服饰工艺概况

项目介绍

- 课题名称：壮族民俗风情与壮族服饰。
- 课题内容：壮族服饰工艺特征。
- 课题时间：2～4课时。
- 教学目的：通过本项目的学习，让学生对壮族民族风情有一定了解，对民族服饰有一定的掌握。
- 教学方式：分组教学、演示教学、任务驱动教学。
- 教学要求：1. 了解壮族民族文化及风土人情。
  2. 了解壮族民族服饰的特征与特点。
- 课前（后）准备：壮族服饰、图片、纸、笔，收集素材。

任务 壮族服饰工艺特征

一、任务目标

了解壮族民族文化及服饰特点。

二、任务描述

少数民族有着独特的民族文化。悠久的历史和丰富多彩的生产生活方式，沉淀出许许多多独具特色的手工艺品。它们供给着人们的物质需要，也带给人们美的享受，是民族文化与智慧的结晶。本课程要求对壮族文化进行了解，通过学习与观察逐步提高学生的审美能力，培养学生做事耐心以及好学、好问的学习风貌。

三、任务要求

1. 了解壮族的民族文化及风土人情。
2. 了解壮族民族服饰的特征与特点。

四、学习内容

壮族是我国人口最多的少数民族，主要聚居在广西、云南，少数分布在广东、湖南、贵州、四川等地。旧称僮族。1965年，根据周恩来总理的提议，征得壮族人民的同意，将僮族改称壮族。

壮锦，与云锦、蜀锦、宋锦并称中国四大名锦，据传源于宋代，是中华民族的文化瑰宝之一。这种利用棉线或丝线编织而成的精美工艺品，图案生动，结构严谨，色彩斑斓，充满热烈、开朗的民族格调，体现了人们对美好生活的追求与向往。忻城是壮锦的起源地之一，有着悠久的历史和深厚的文化底蕴。忻城壮锦曾经是壮锦中的精品，一度被选为贡品。

图 1-1-1 壮锦式样

壮锦又称“僮锦”“绒花被”，较厚实，以棉、麻线作地经、地纬平纹交织而成，用于制作衣裙、巾被、背包、台布等。其主要产地分布于广西靖西、忻城、宾阳等县。传统的纹样主要有二龙戏珠、回纹、水纹、云纹以及花卉、动物等20多种图案，后来又出现了“桂林山水”“民族大团结”等80多种新图案，富有民族风格（图1-1-1）。

图 1-1-2 壮锦的编织设备

壮锦是在装有支撑系统、传动装置、分综装置和提花装置的手工织机（图1-1-2）上，以棉纱为经，以各种彩色丝绒为纬，采用通经断纬的方法巧妙交织而成的艺术品。壮锦适合做被面、褥面、背包、挂包、围裙和台布等。壮锦用棉或麻的股纱作经线，以不加捻或者微捻两种彩纬织入起花，在织物正面和背面形成对称花纹，并将地组织完全覆盖，增加厚度。还有用多种彩纬挑出的，纹样组织复杂，多用几何形图案，色彩鲜明，对比强烈，具有浓艳粗犷的艺术风格。

项目二 | 壮族服饰品制作

项目介绍

- 课题名称：壮族服饰品制作。
- 课题内容：1. 壮族肚兜制图与制作工艺。
  2. 壮族女士帽子制图与制作工艺。
  3. 壮族男士帽子制图与制作工艺。
- 课题时间：16 ~ 24课时。
- 教学目的：让学生动手设计制作壮族服饰，提高学生的动手能力，熟练掌握各种服饰品的制作技巧。
- 教学方式：分组教学、演示教学、任务驱动教学。
- 教学要求：1. 根据所学知识独立制作完成一款壮族服饰品。
  2. 小组合作设计并制作壮族服装。
- 课前（后）准备：多种梭织布、民族织锦图案、里布、里衬、针线等。

任务一 壮族肚兜制图与制作工艺

一、任务目标

独立完成一款壮族肚兜的制图与制作。

二、任务描述

各民族丰富绚烂的历史，孕育出许多独具特色的手工艺品。它们一度满足着人们的物质需要，带给人们美的享受，是璀璨民族文化的典型代表。

本任务要求学生制作一个壮族肚兜，以培养学生的动手能力与审美能力，以及做事耐心，好学、好问的良好风貌。款式如图2-1-1所示。

图 2-1-1

三、任务要求

1. 掌握壮族肚兜的制图与缝制流程，独立完成样品制作。
2. 小组合作设计一款壮族肚兜并制作出来。

四、任务实施

（一）准备工作

1. 工具：剪刀、锥子、梭芯套、尺子、划粉等，如图2-1-2所示。

2. 材料：面料、粘衬、花边、软尺、针线等，如图2-1-3所示。

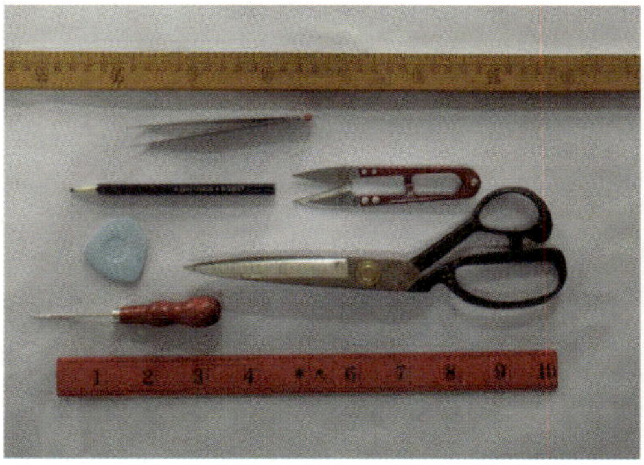

图 2-1-2

图 2-1-3

（二）结构制图（图 2-1-4，单位：cm）

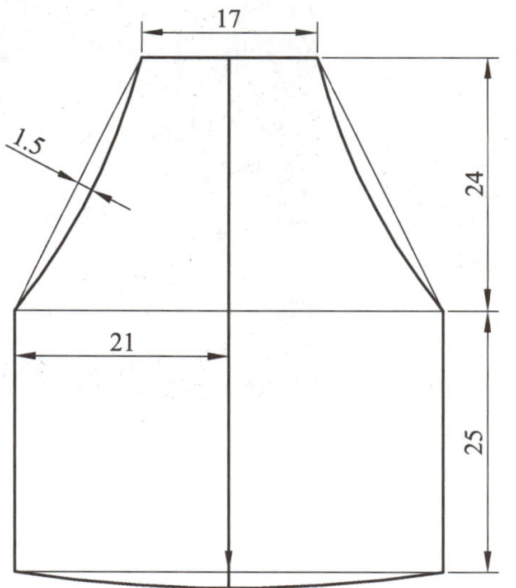

图 2-1-4

（三）制作工艺

1. 壮族肚兜纸板裁剪面料准备——在面料上画出肚兜样板，裁剪布料（净样，四周放1 cm），如图2-1-5所示。

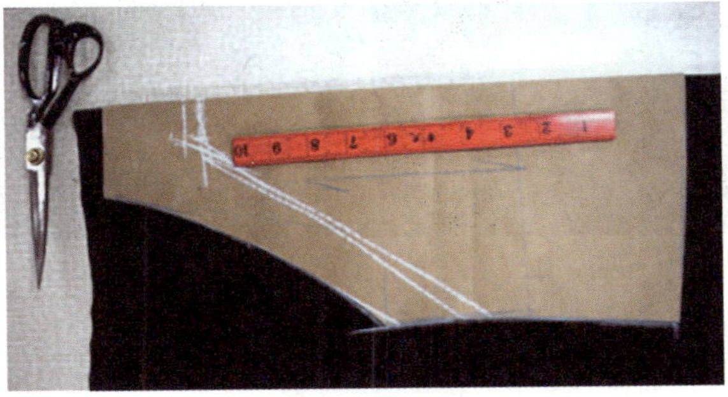

图 2-1-5

2. 整烫花边、布料，如图2-1-6所示。

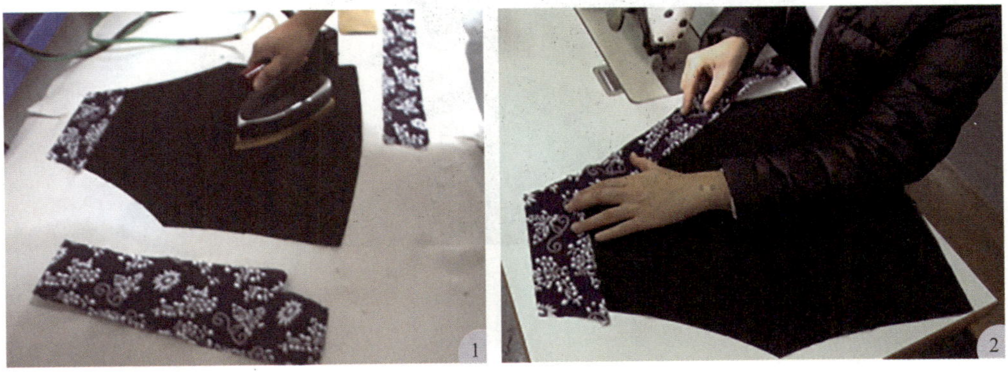

图 2-1-6

3. 缝制肚兜挂绳（挂绳不车明线，车明线弹性差），如图2-1-7所示。

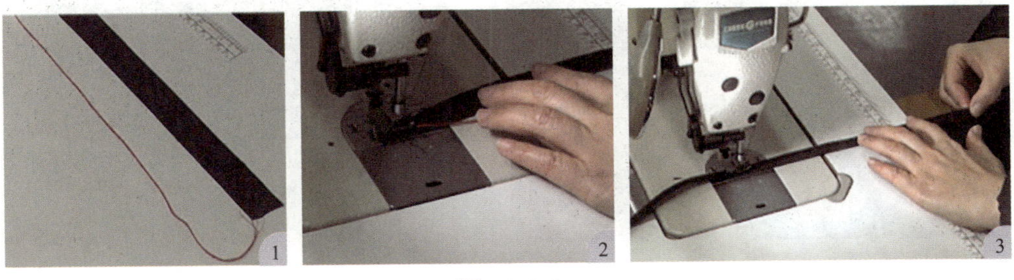

图 2-1-7

4. 缉压花边（花边弧的位置可做细褶处理），如图2-1-8所示。

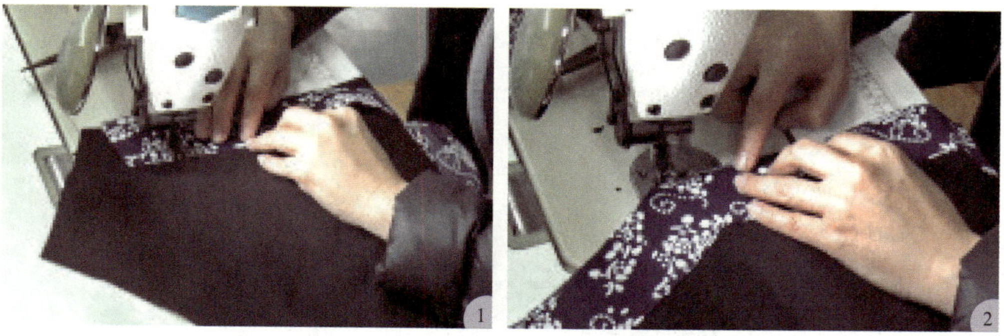

图 2-1-8

5. 车缝装饰花边，如图2-1-9所示。

图 2-1-9

6. 修剪花边（将花边修剪至与面布重合即可），如图2-1-10所示。

图 2-1-10

7. 肚兜四周滚边（滚边处理时四周拐角不断开，剪刀口转折），如图2-1-11所示。

图 2-1-11

8. 装肚兜挂绳（反复车缝多次固定），如图2-1-12所示。

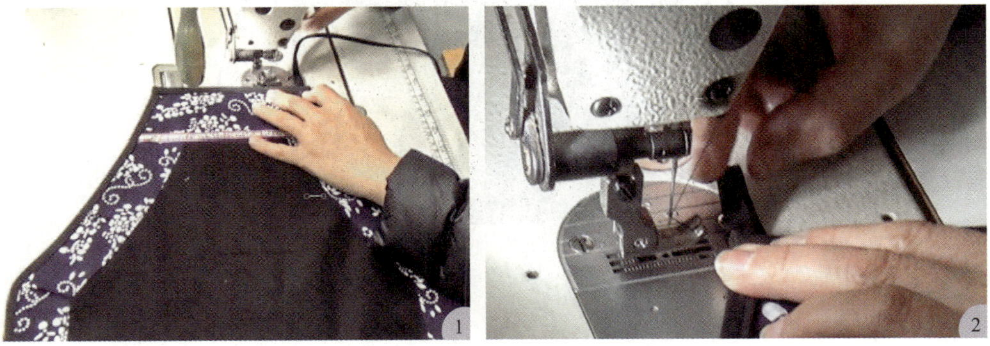

图 2-1-12

9. 整件整烫，如图2-1-13所示。

图 2-1-13

10. 完成效果如图2-1-14所示。

图 2-1-14

五、拓展练习

按照上述的方法，我们还可以进行不同的搭配和设计，从而制作出多种多样的作品。学生可参考图2-1-15所示的款式制作一款民族特色围兜。

图 2-1-15

任务二 壮族女士帽子制图与制作工艺

一、任务目标

独立完成一款壮族女士帽子的制图与缝制。

二、任务描述

本任务要求学生动手制作一顶壮族女士帽子，以培养学生的动手能力与审美能力，以及做事耐心，好学、好问的良好风貌，款式如图2-2-1所示。

图 2-2-1

三、任务要求

1. 掌握壮族女士帽子制作流程，能独立完成帽子制作。
2. 小组合作设计一款壮族风格女士帽子并制作出来。

四、任务实施

（一）准备工作

1. 工具：剪刀、锥子、梭芯套、尺子、软尺、划粉等，如图2-2-2所示。

2. 材料：面料、粘衬、花边、针线等，如图2-2-3所示。

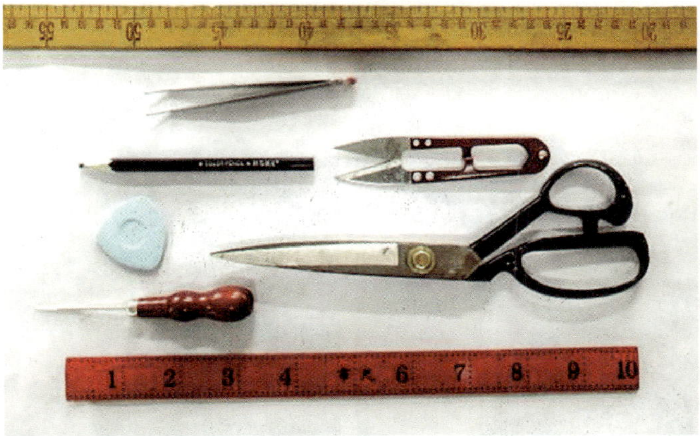

图 2-2-2

图 2-2-3

（二）结构制图（图2-2-4，单位：cm）

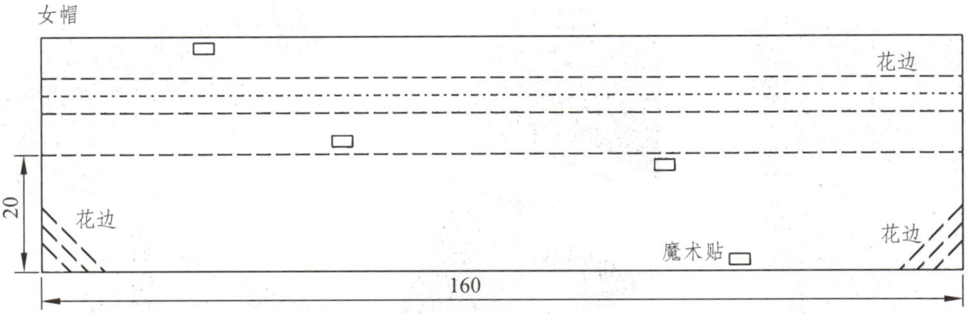

图 2-2-4

（三）制作工艺

1. 面料裁剪。

将裁剪好的纸样合理摆放在面料上，注意面料纱向。面料应取硬挺度高的，以便有型。

2. 处理毛边。

面料四周折转底边0.5 cm贴边，贴边扣转毛缝，烫平，缉0.5 cm明线，如图2-2-5所示。

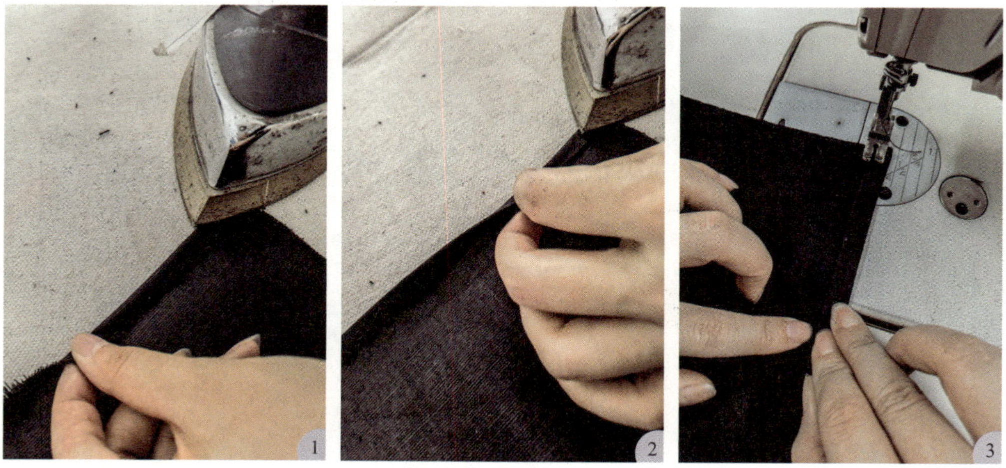

图 2-2-5

3. 缉花边、魔术贴。

定出魔术贴位置（可根据头围大小调节）、花边位置，根据标记按顺序给缉缝花边。花边起止处分别内扣1 cm，如图2-2-6所示。

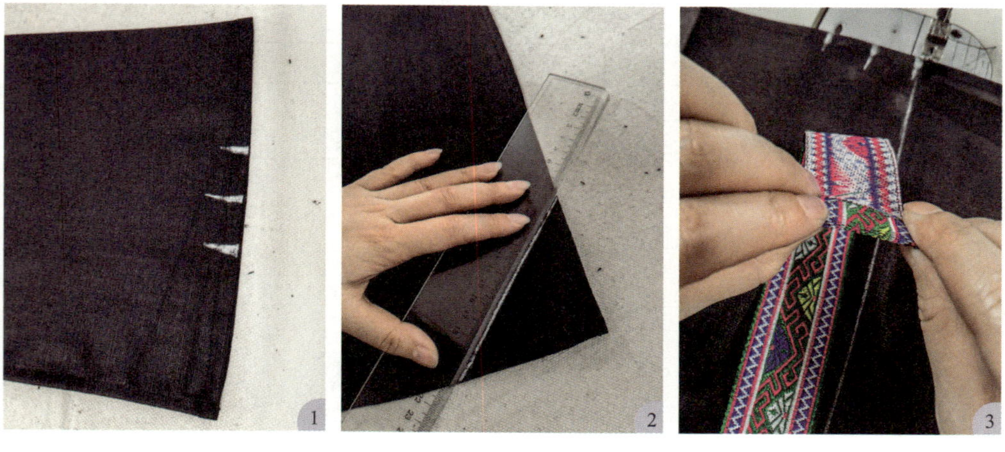

图 2-2-6

4. 整烫。

整烫前修剪线头，清洗污渍。熨烫时应根据面料性能合理选择温度、湿烫或干烫、时间、压力。浅色面料熨烫时要盖布，尽量避免直烫。丝绒面料不能直接压烫只能用蒸汽喷烫，避免倒毛而产生极光，如图2-2-7所示。

图 2-2-7

五、拓展练习

按照上述的方法，还可以进行不同的搭配和设计。参考图2-2-8制作一款具有民族特色的壮族女士帽子。

图 2-2-8

任务三 壮族男士帽子制图与制作工艺

一、任务目标

独立完成一款壮族男士帽子的制图与缝制。

二、任务描述

本任务需要学生动手制作一顶壮族男士帽子，以培养学生的动手能力与审美能力，以及学生做事耐心，好学、好问的良好风貌，款式如图2-3-1所示。

图 2-3-1

三、任务要求

1. 掌握壮族男士帽子制作流程，能独立完成作品制作。
2. 小组合作设计一款民族风格的帽子并制作出来。

四、任务实施

（一）准备工作

1. 工具：剪刀、锥子、梭芯套、尺子、软尺、划粉等，如图2-3-2所示。
2. 材料：面料、粘衬、花边、针线等，如图2-3-3所示。

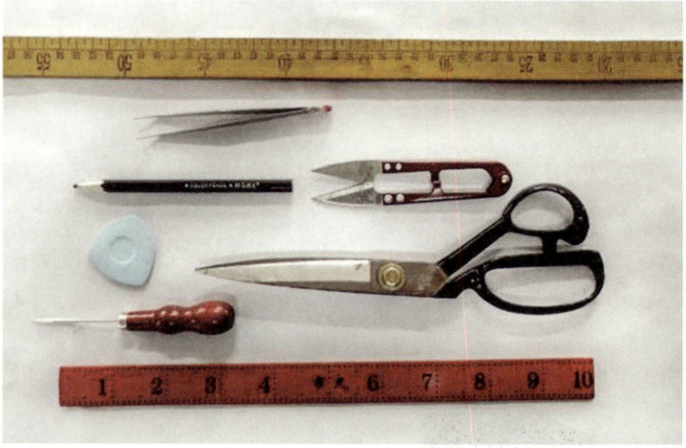

图 2-3-2

图 2-3-3

（二）结构制图（图 2-3-4，单位：cm）

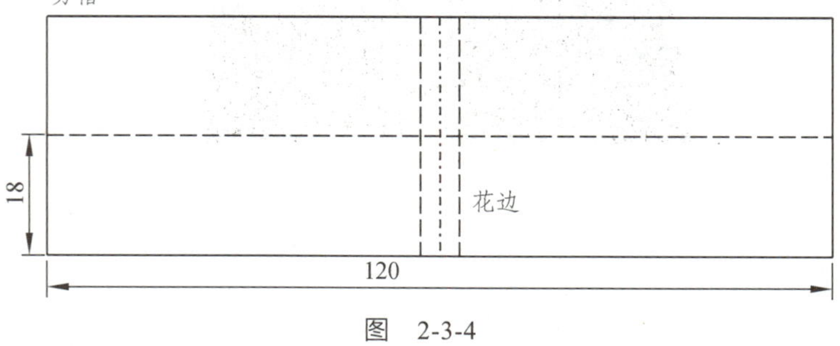

图 2-3-4

（四）制作工艺

1. 面料裁剪。

将裁剪好的纸样合理地摆放在面料上，注意面料纱向。选取硬挺度高的面料，以便塑型。

2. 处理毛边。

面料四周折转底边0.5 cm贴边，贴边扣转毛缝，烫平，缉0.5 cm明线，如图2-3-5所示。

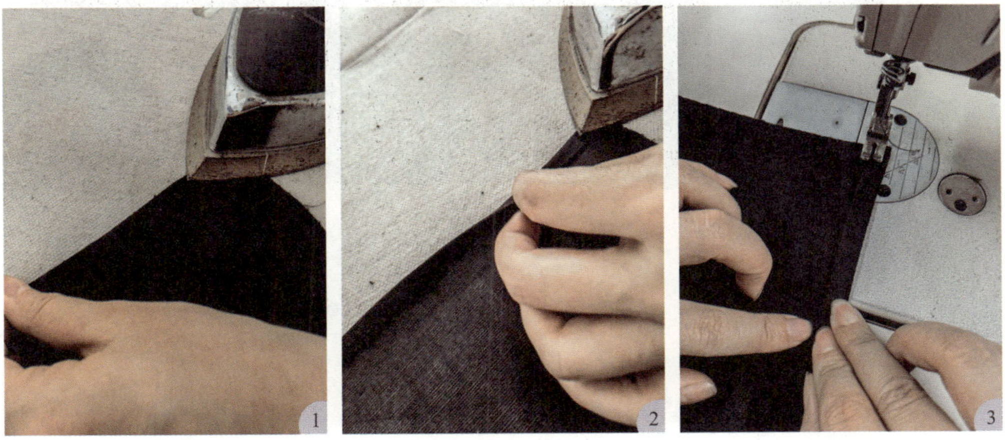

图 2-3-5

3. 缉花边。

在布料居中的位置定出花边位置，根据标记按顺序给缉缝花边。花边起止处分别内扣1 cm，如图2-3-6所示。

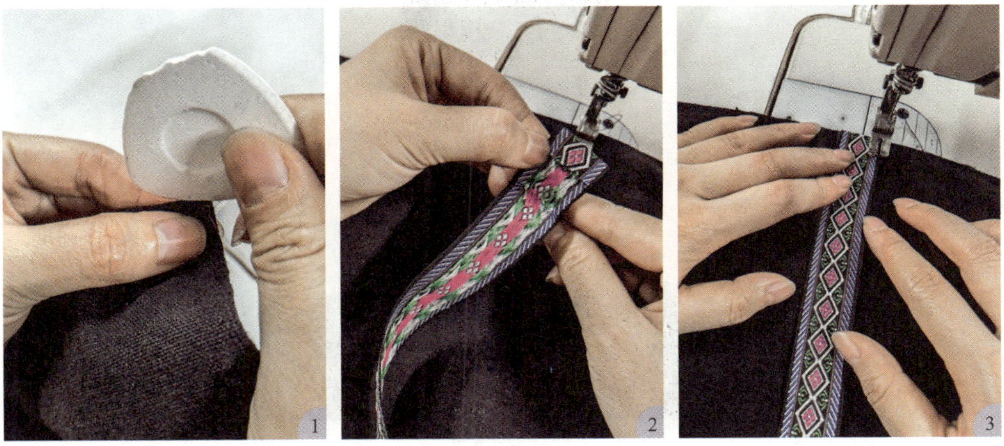

图 2-3-6

4. 整烫。

整烫前修剪线头，清洗污渍。熨烫时应根据面料性能合理选择温度、湿烫或干烫、时间、压力。浅色面料熨烫时要盖布，尽量避免直烫。丝绒面料不能直接压烫只能用蒸汽喷烫，避免倒毛而产生极光，如图2-3-7所示。

图 2-3-7

五、拓展练习

按照上述的方法，还可以进行不同的搭配和设计。试参考图2-3-8所示制作一款具有民族特色的男士帽子，装饰花纹花边可进行自由设计。

图 2-3-8

项目三 | 壮族传统女装制图与制作工艺

项目介绍

- **课题名称**：壮族女装制作。
- **课题内容**：1. 传统女装斜襟上衣制图与制作工艺。
  2. 传统女抽褶裙制图与制作工艺。
  3. 传统女裤制图与制作工艺。
- **课题时间**：24～36课时。
- **教学目的**：通过学习本项目，学生学会动手设计、制作壮族女装，以提高学生的动手能力，熟练掌握各种女装制作的缝制技巧。
- **教学方式**：分组教学、演示教学、任务驱动教学。
- **教学要求**：1. 根据所学知识独立完成一款壮族女装制作。
  2. 小组合作设计并制作出壮族女装服装作品。
- **课前（后）准备**：课前准备多种梭织布、民族织锦图案、里布、里衬、针线等。

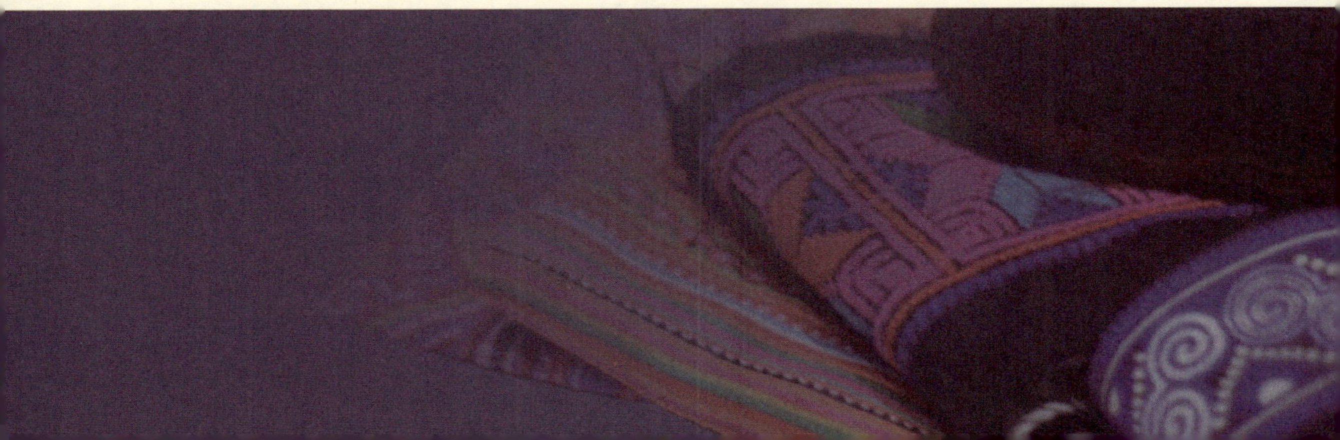

任务一 传统斜襟上衣制图与制作工艺

一、任务目标

独立完成一款壮族斜襟上衣的制图与缝制。

二、任务描述

本任务要求学生学会壮族传统斜襟上衣的制图与缝制，培养动手能力与审美能力，养成做事耐心，好学、好问的良好风貌，如图3-1-1所示。

图 3-1-1

三、任务要求

1. 掌握斜襟上衣的制图与缝制流程，能独立完成作品制作。
2. 小组合作设计一款斜襟上衣并制作出来。

四、任务实施

（一）准备工作

1. 工具：剪刀、锥子、梭芯套、尺子、划粉等，如图3-1-2所示。
2. 材料：面料、粘衬、花边、软尺、针线等，如图3-1-3所示。

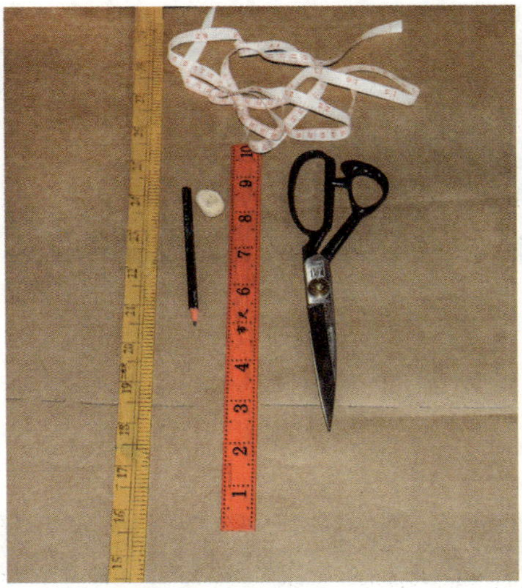
图 3-1-2

图 3-1-3

（二）结构制图（图 3-1-4，单位：cm）

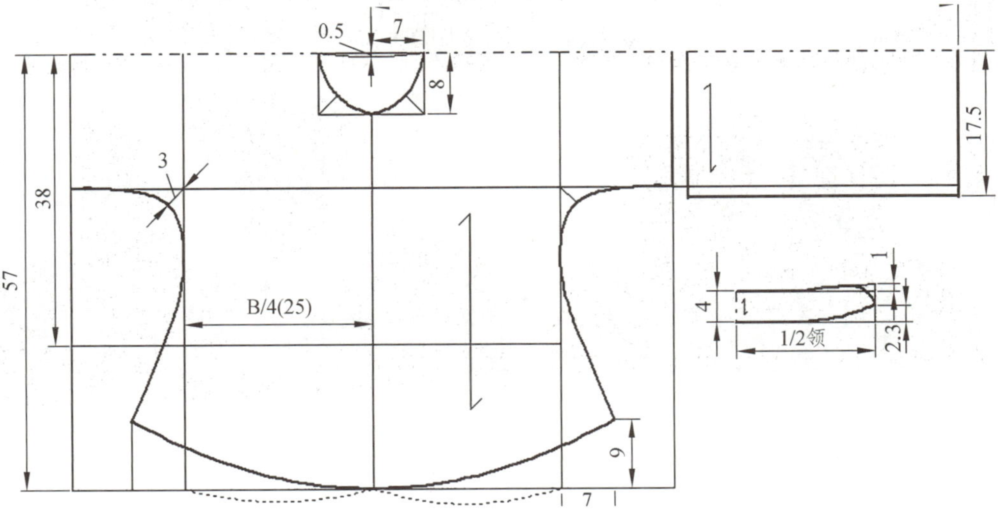

图 3-1-4

（三）制作工艺

1．裁剪修正纸样，如图3-1-5所示。

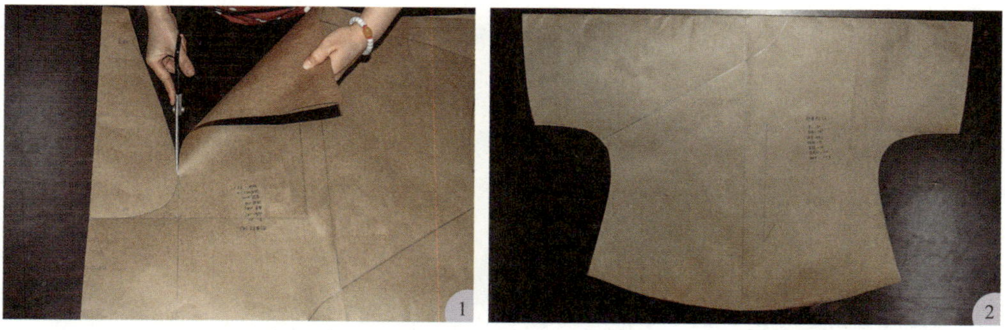

图　3-1-5

2．面料裁剪，将裁剪好的纸样合理摆放在面料上，注意面料纱向裁剪布料，如图3-1-6所示。

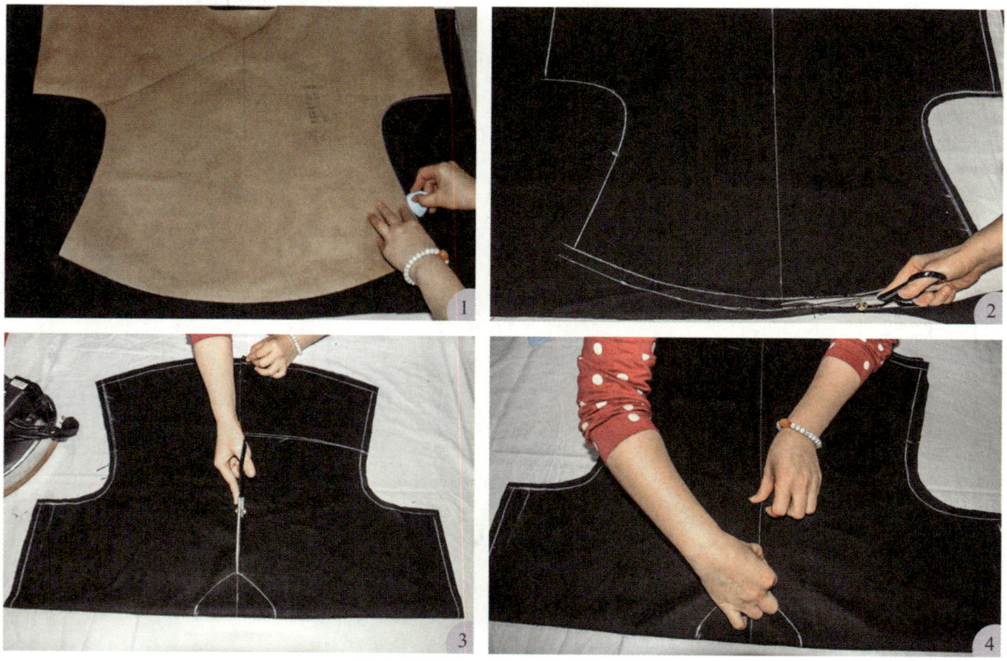

图　3-1-6

3．修正裁剪好的布料，如图3-1-7所示。

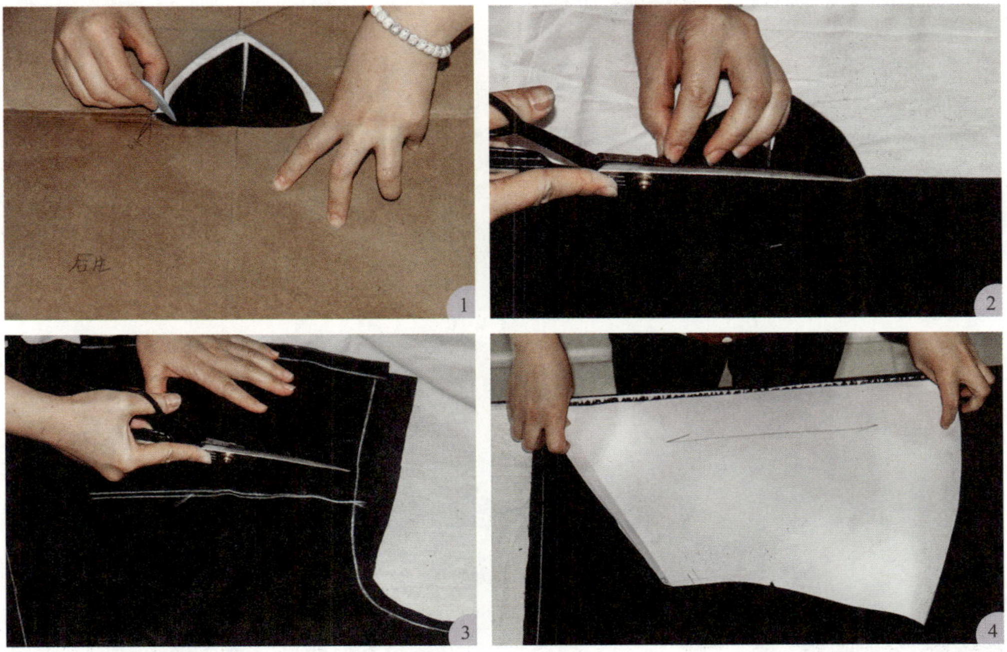

图 3-1-7

4. 将裁剪好的裁片，熨烫整理，如图3-1-8所示。

5. 将熨烫好的裁片锁边，如图3-1-9所示。

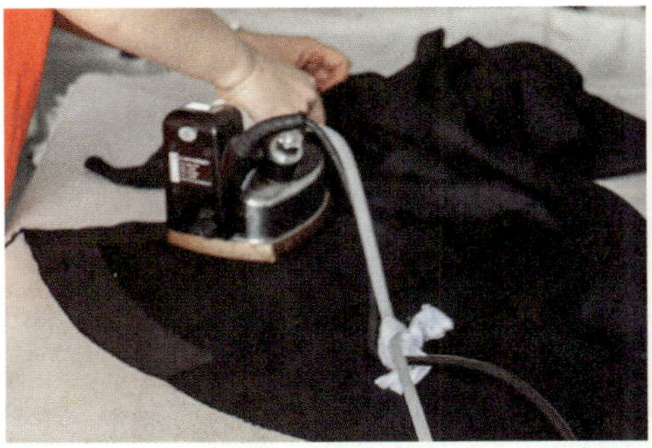

图 3-1-8

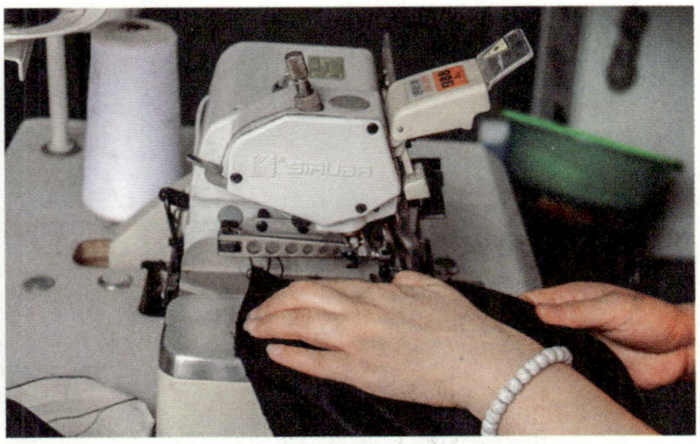

图 3-1-9

6. 车缝前门襟，门襟压车花边，如图3-1-10所示。

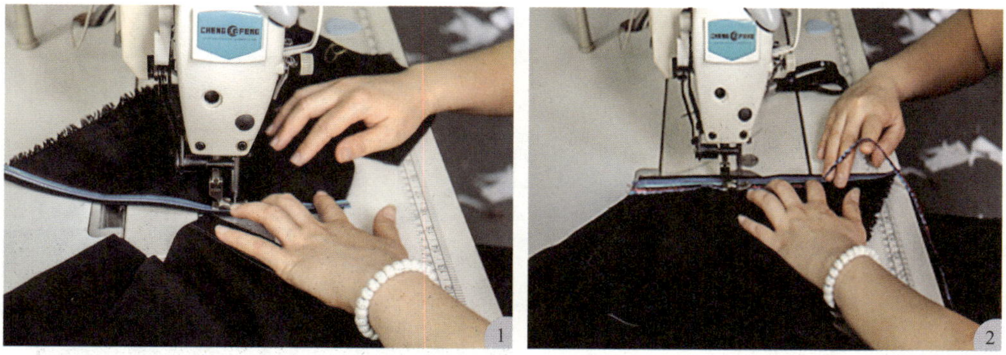

图 3-1-10

7. 压好花边后，门襟包边，如图3-1-11所示。

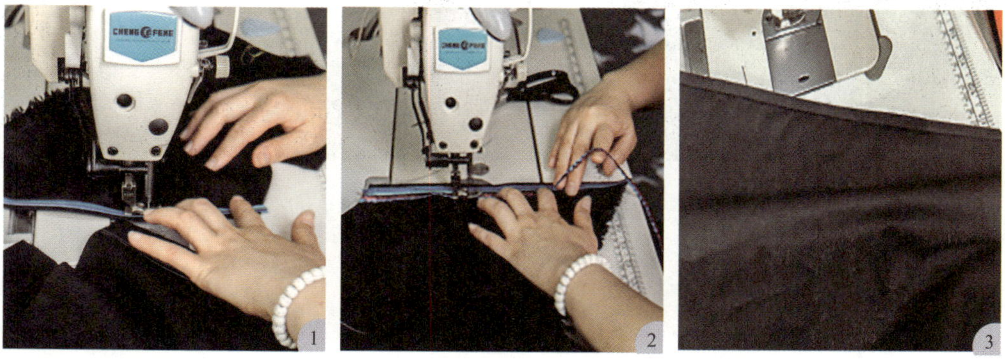

图 3-1-11

8. 熨烫裁剪领片，如图3-1-12所示。

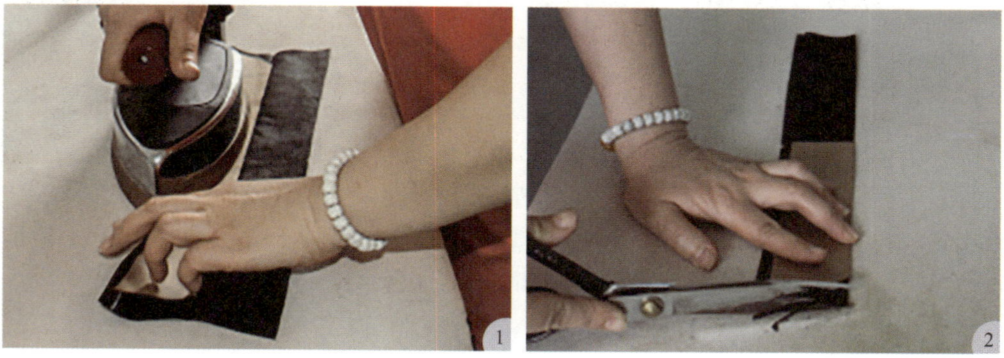

图 3-1-12

9. 车缝领子，如图3-1-13所示。

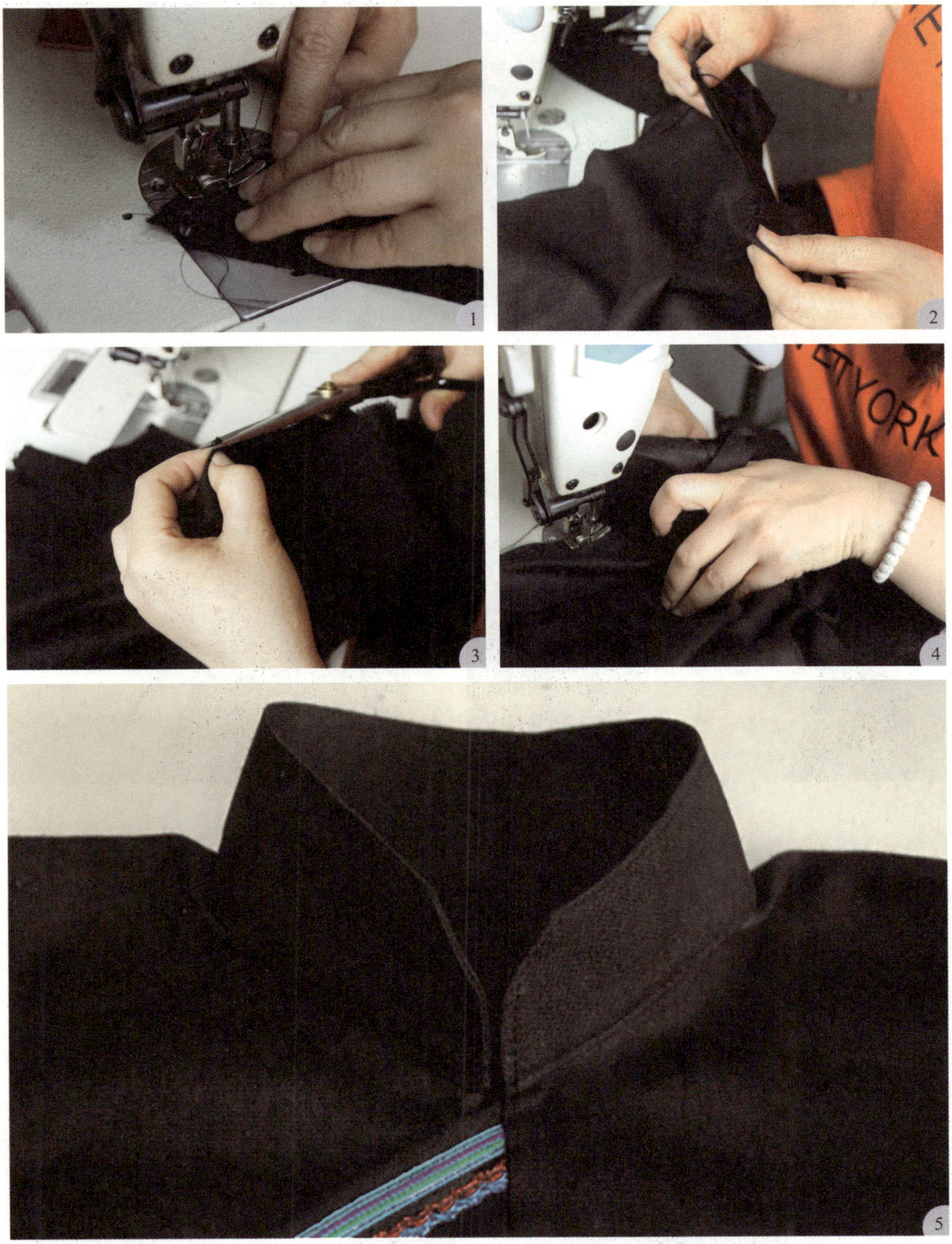

图 3-1-13

10. 下摆、袖口还口熨烫定型，如图3-1-14所示。

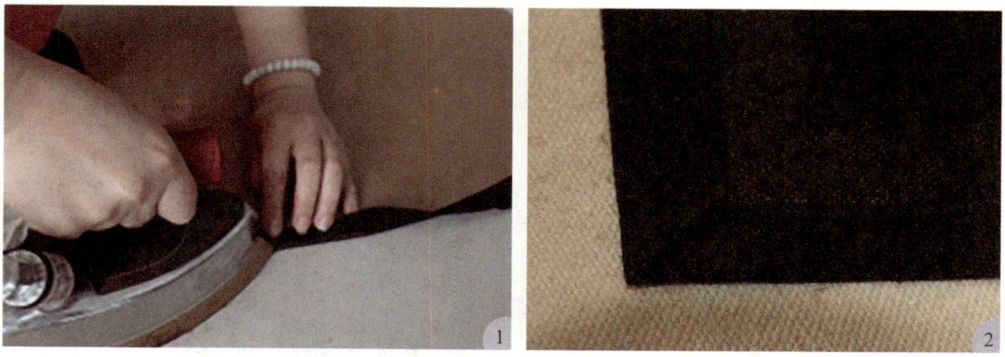

图 3-1-14

11. 定型好的下摆、袖口还口车，如图3-1-15所示。

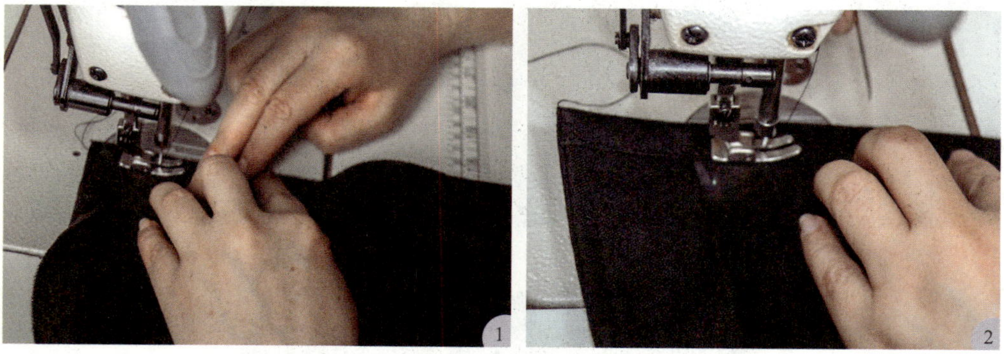

图 3-1-15

12. 下摆、袖口压车花边，如图3-1-16所示。

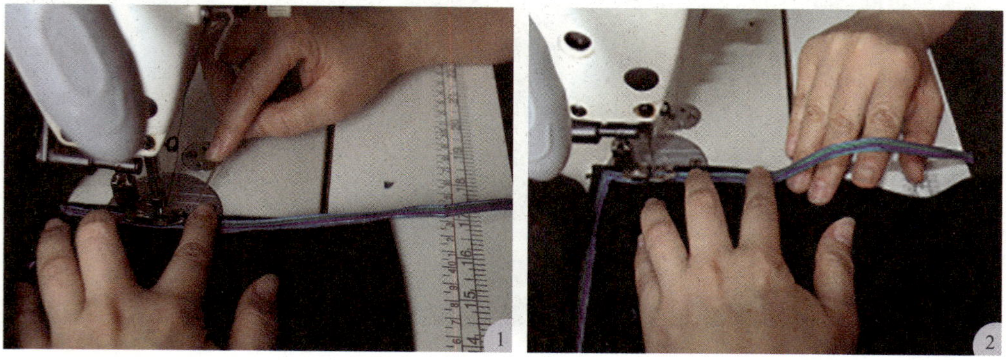

图 3-1-16

13. 划钉扣位，手工钉扣，如图3-1-17所示。

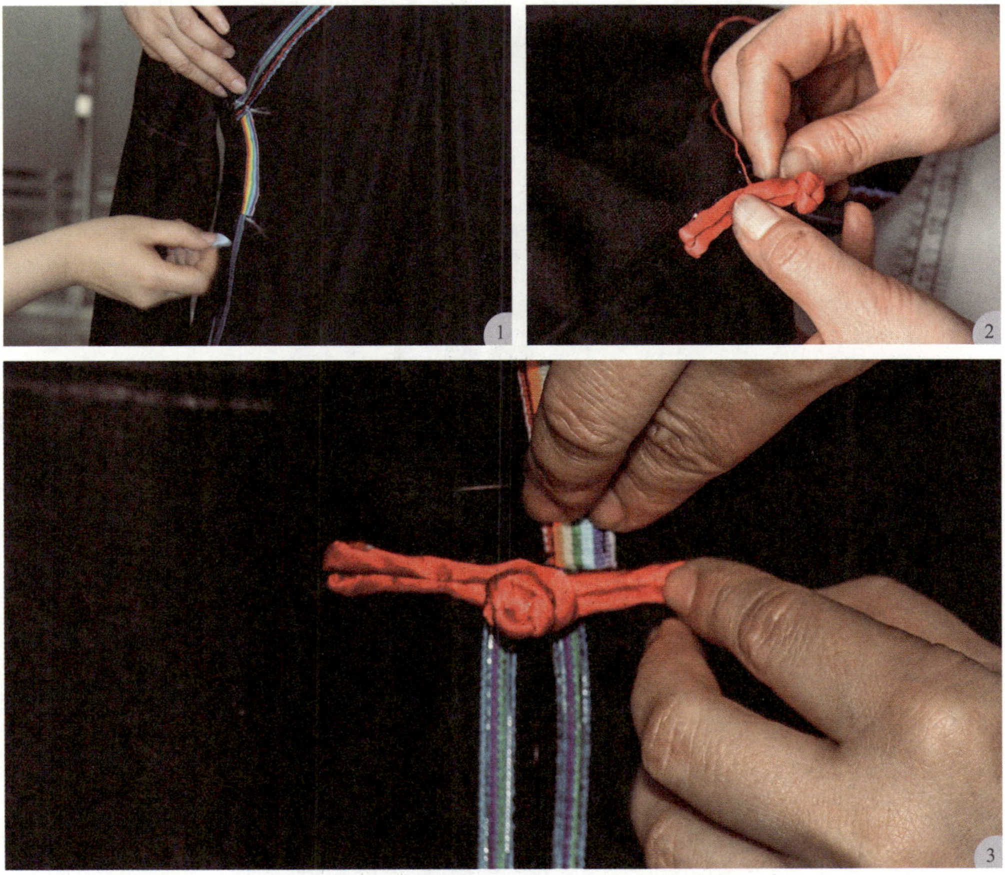

图 3-1-17

14. 整烫完成，如图3-1-18所示。

图 3-1-18

15. 完成效果如图3-1-19所示。

图 3-1-19

五、拓展练习

按照本书所述的方法，参考图3-1-20试做一款的民族服饰。

图 3-1-20

任务二 传统抽褶裙制图与制作工艺

一、任务目标

独立完成一款壮族抽褶裙的制图与缝制。

二、任务描述

本任务需要学生动手完成女装抽褶裙的制图与制作全过程，以培养学生的动手能力与审美能力，培养学生做事耐心，好学、好问的良好风貌，如图3-2-1所示。

图 3-2-1

三、任务要求

1. 掌握抽褶裙制图与制作流程，能独立完成女装抽褶裙的制作。
2. 小组合作设计一款女装抽褶裙，并制图、制作出来。

四、任务实施

（一）准备工作（图 3-2-2）

1. 工具：剪刀、锥子、梭芯套、尺子、软尺、划粉等。
2. 材料：面料、粘衬、花边、针线等。

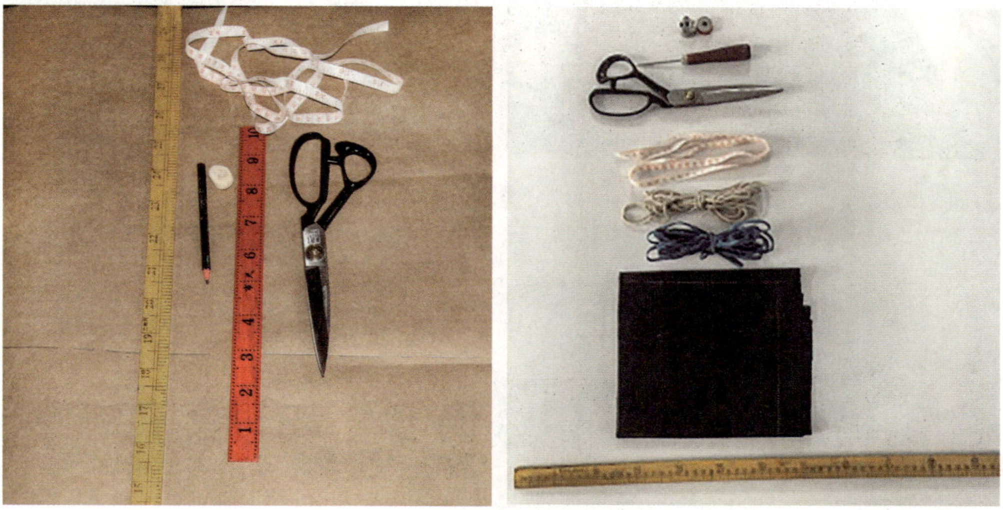

图 3-2-2

（二）结构制图（图 3-2-3，单位：cm）

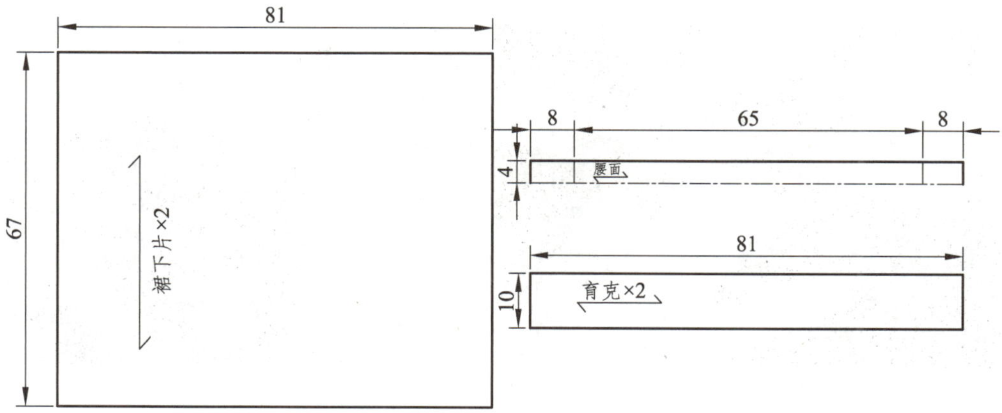

图 3-2-3

（三）制作工艺

1. 在面料上划出裙面大小，裁剪裁片，如图3-2-4所示。

图 3-2-4

2. 裙下片包边，如图3-2-5所示。

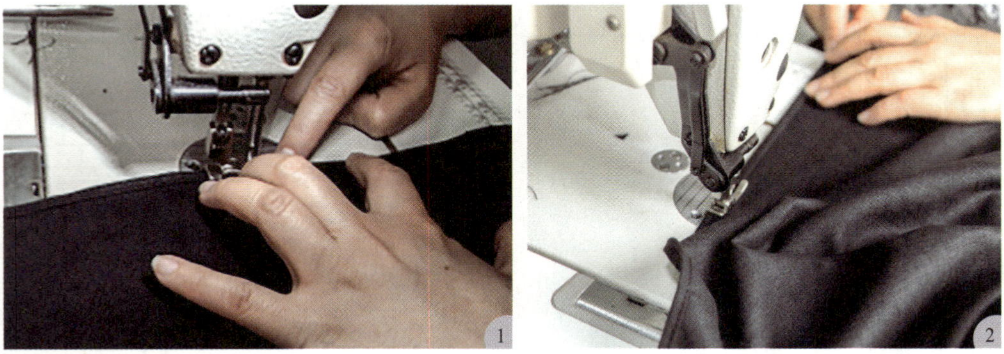

图 3-2-5

3. 裙侧缝锁边，如图3-2-6所示。

4. 整烫裙片，如图3-2-7所示。

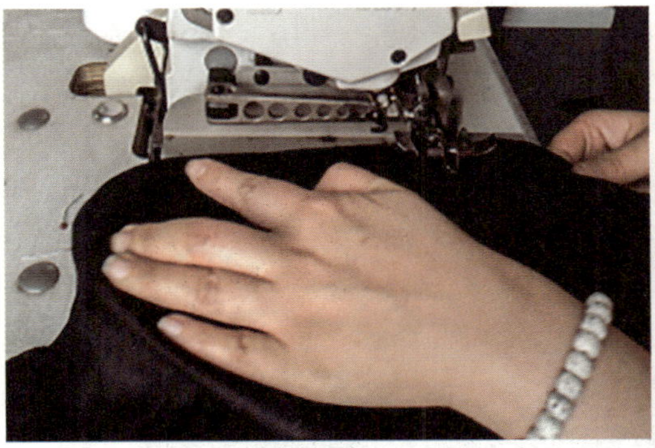

图 3-2-6

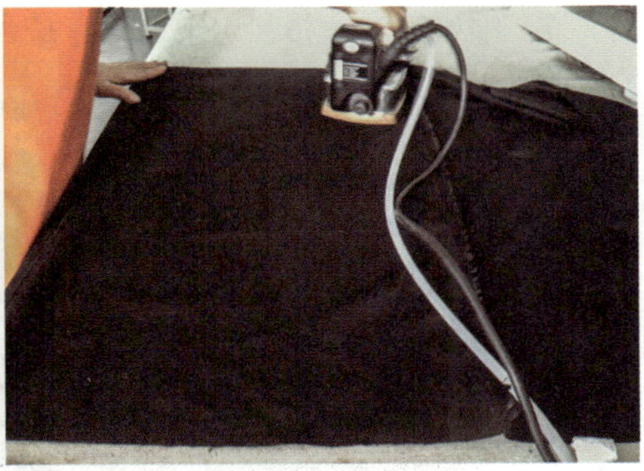

图 3-2-7

5. 拼裙上面布侧缝，如图3-2-8所示。

图 3-2-8

6. 用手针将裙上面布串线缩褶，如图3-2-9所示。

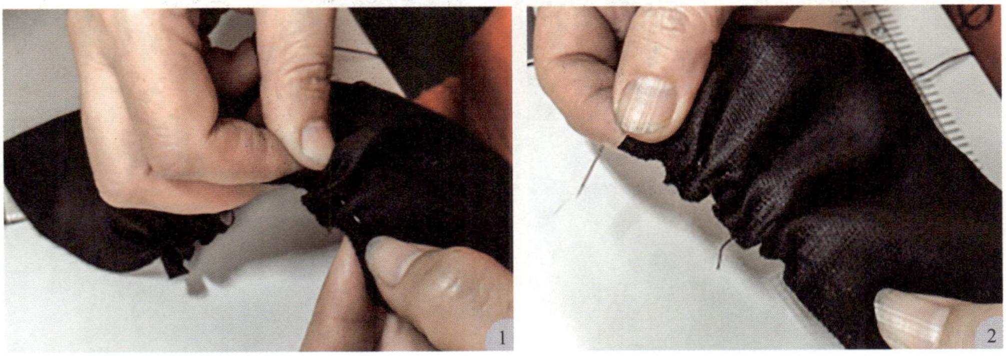

图 3-2-9

7. 缩好褶后，将裙山下面的布拼合起来，面层压明线，如图3-2-10所示。

图 3-2-10

8. 熨烫腰带面布，如图3-2-11所示。

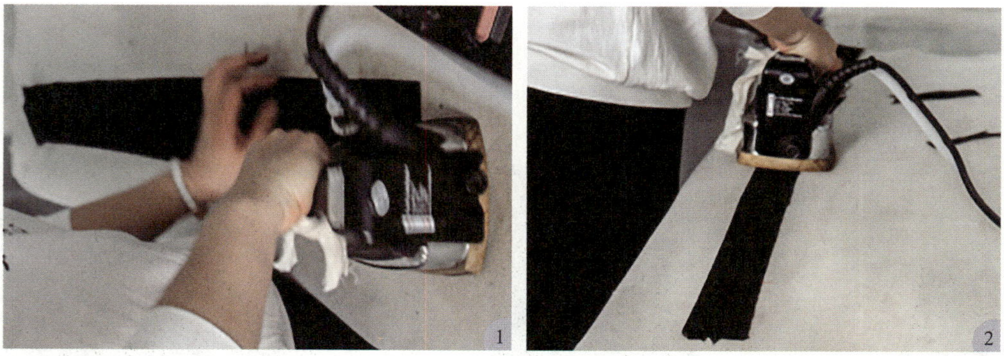

图 3-2-11

9. 做腰头扣袢，如图3-2-12所示。

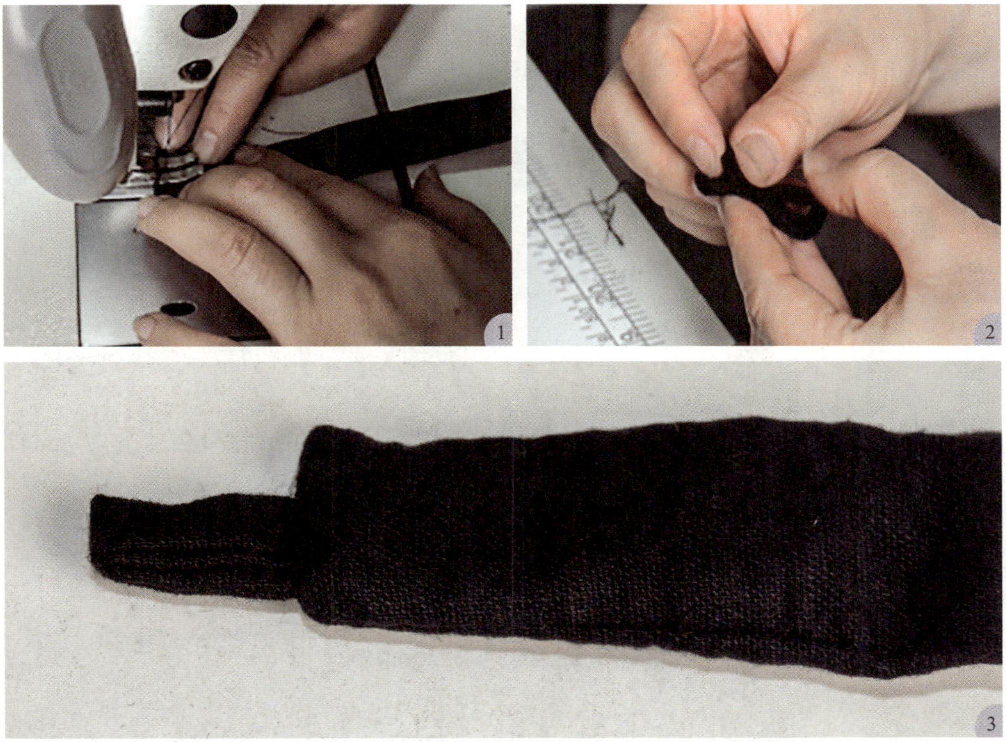

图 3-2-12

10. 上腰头，如图3-2-13所示。

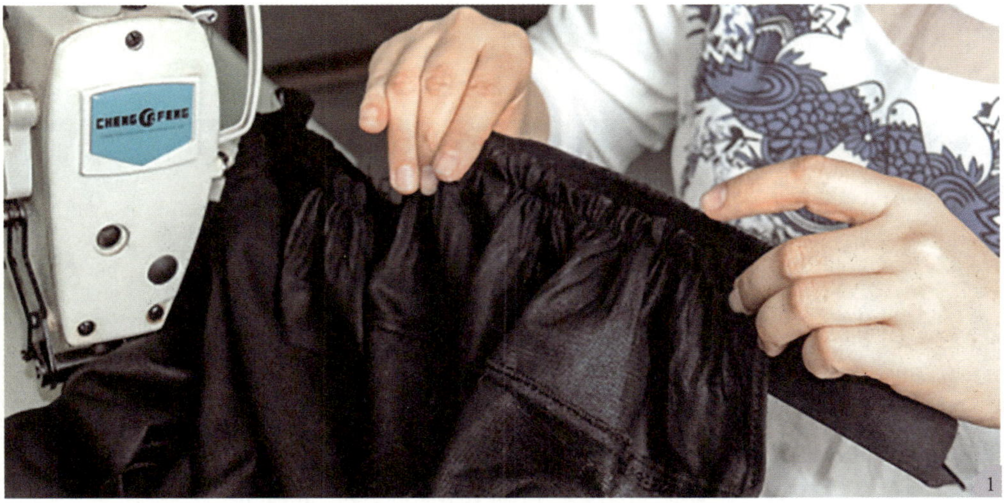

图 3-2-13

11. 整烫完成，如图3-2-14所示。

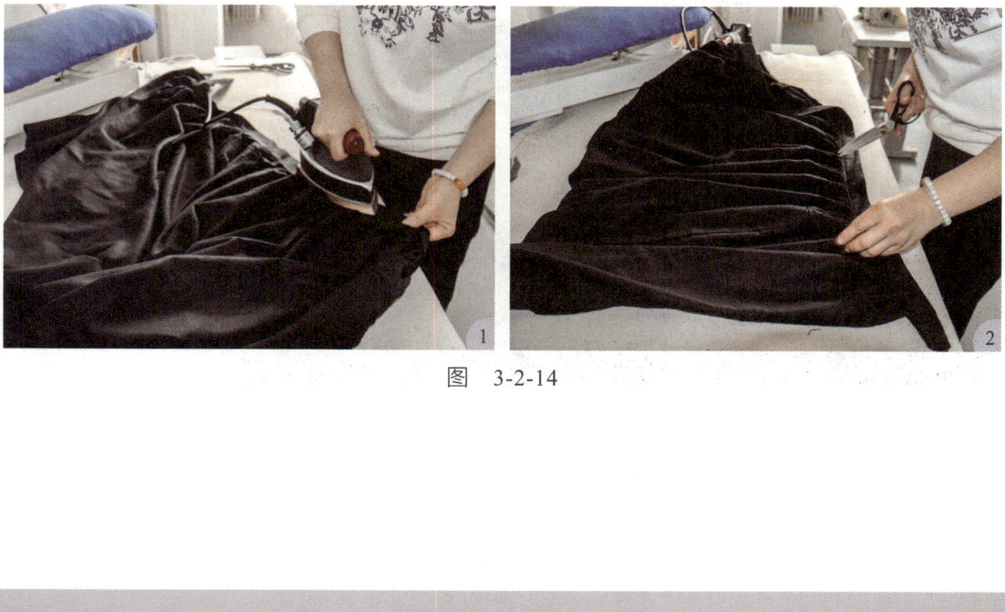

图 3-2-14

五、拓展练习

通过本节描述的制作方法，我们还可以进行不同的搭配和设计，从而制作出多种多样的民族风作品（参考图3-2-15）。

图 3-2-15

任务三 传统女裤制图与制作工艺

一、任务目标

独立完成一款壮族传统女裤的制图与缝制。

二、任务描述

款式特点（图3-3-1）：下装为深蓝色无花纹宽大型九分裤，裤长约85 cm，裤角宽阔（51 cm），腰部肥大（腰围约55 cm）。

图 3-2-1

三、任务要求

本任务要求学生掌握壮族女裤装的制作流程，以培养学生的动手能力与审美能力。

1. 了解传统民族女裤的发展历程与特色。
2. 掌握本壮族女裤的装制作流程，能独立完成作品制作。

四、任务实施

（一）准备工作（图 3-3-2）

1. 工具：剪刀、锥子、梭芯套、尺子、软尺、划粉等。
2. 材料：面料、粘衬、花边、针线等。

图 3-3-2

（二）结构制图（图 3-3-3，单位：cm）

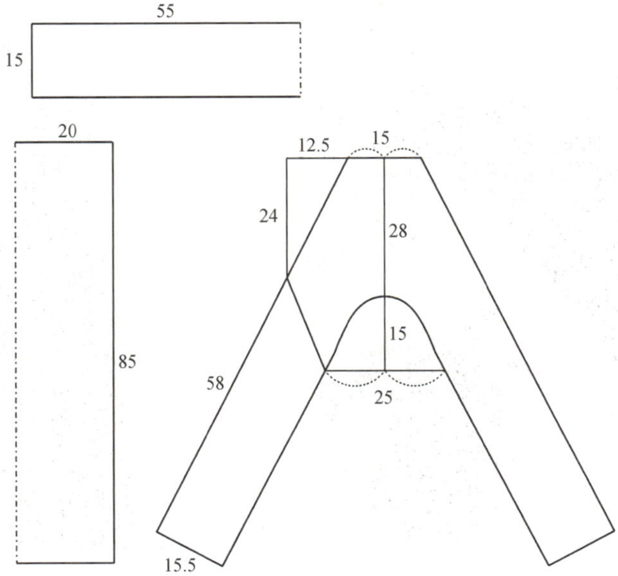

图 3-3-3

（三）制作工艺

1. 在面料上划出裙面大小，裁剪裁片，如图3-3-4所示。

图 3-3-4

2. 拼接内侧裤腿：上下分割线拼接，拷边，倒缝，如图3-3-5所示。

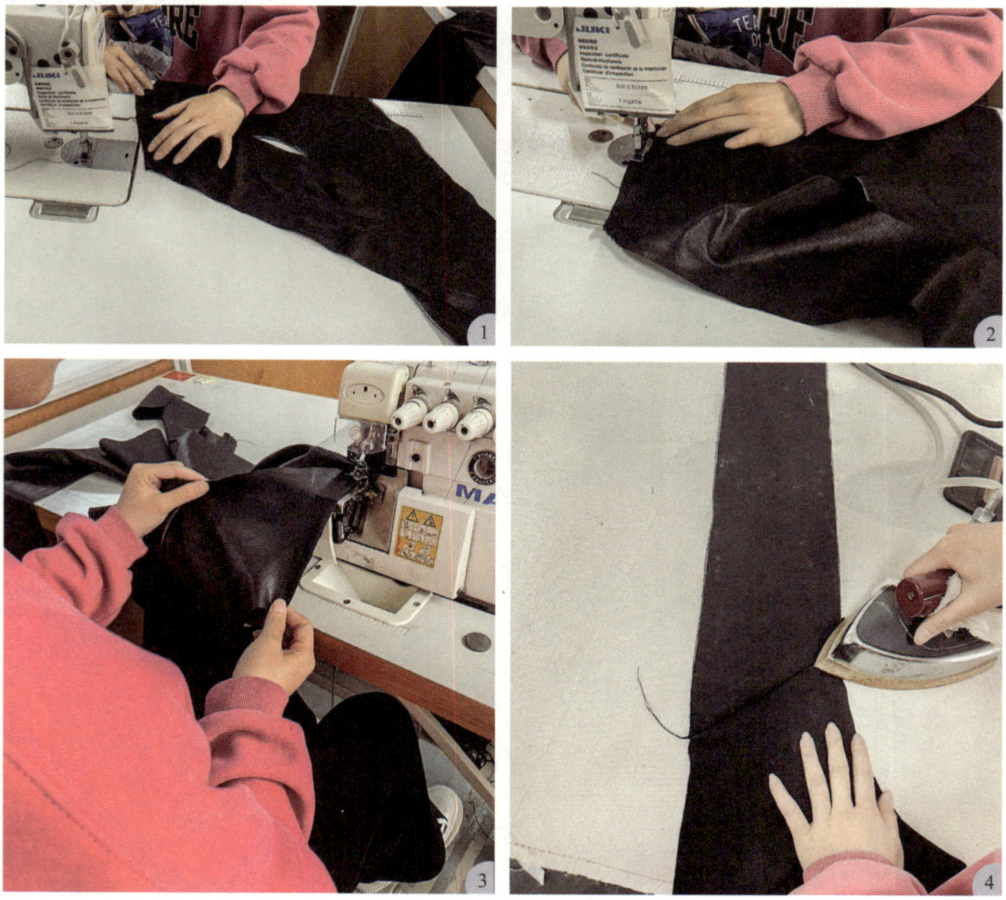

图 3-3-5

3．缝合裤裆缝，如图3-3-6所示。

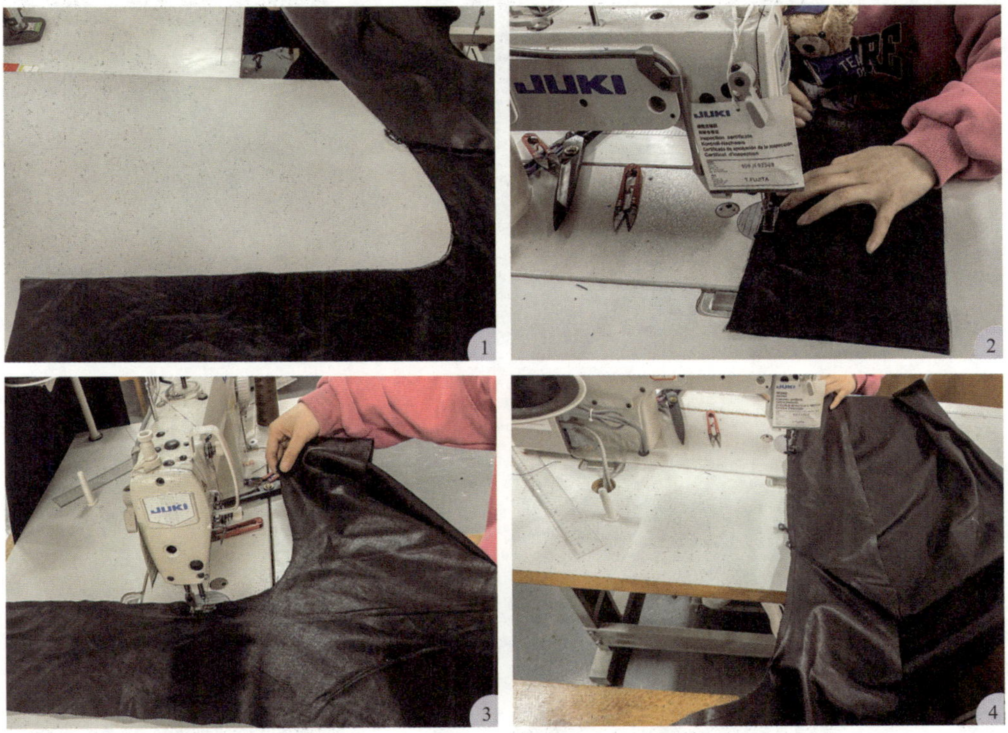

图　3-3-6

4．拼接裤子内外片，如图3-3-7所示。

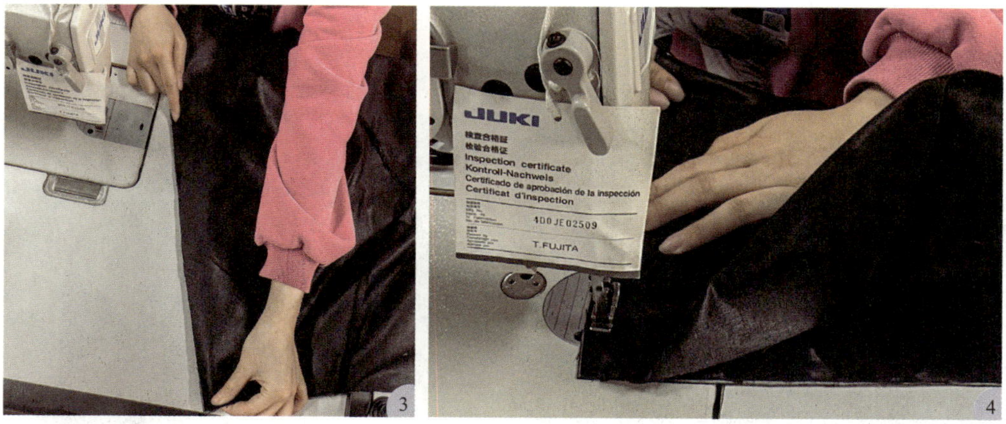

图 3-3-7

5. 锁边，如图3-3-8所示。

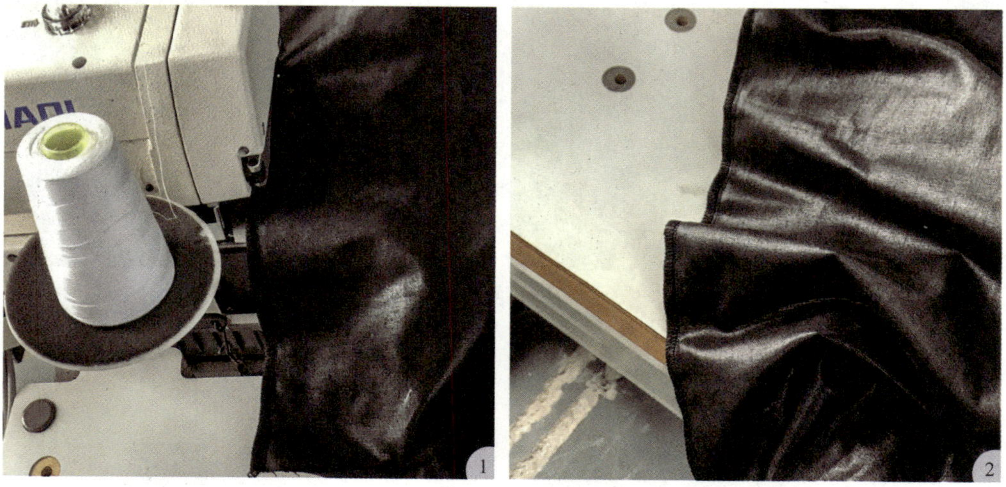

图 3-3-8

6. 取适合腰围尺寸的松紧带，给裤头装上，如图3-3-9所示。

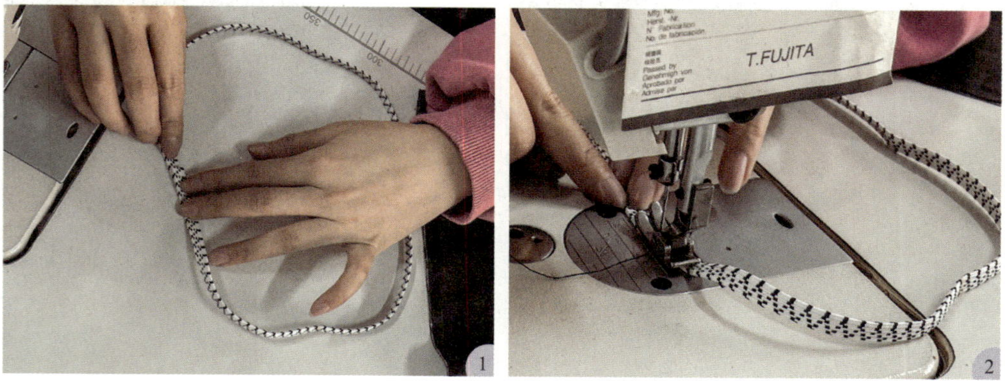

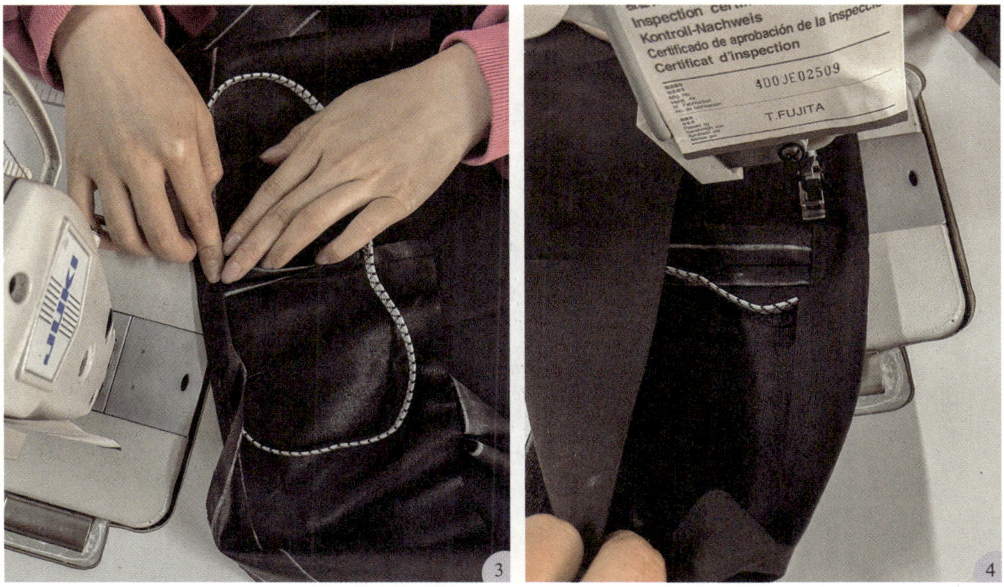

图 3-3-9

7. 把裤下半部分和上育克连腰缝合拼接。在缝合拼接前要进行等长对比和定位，如图3-3-10所示。

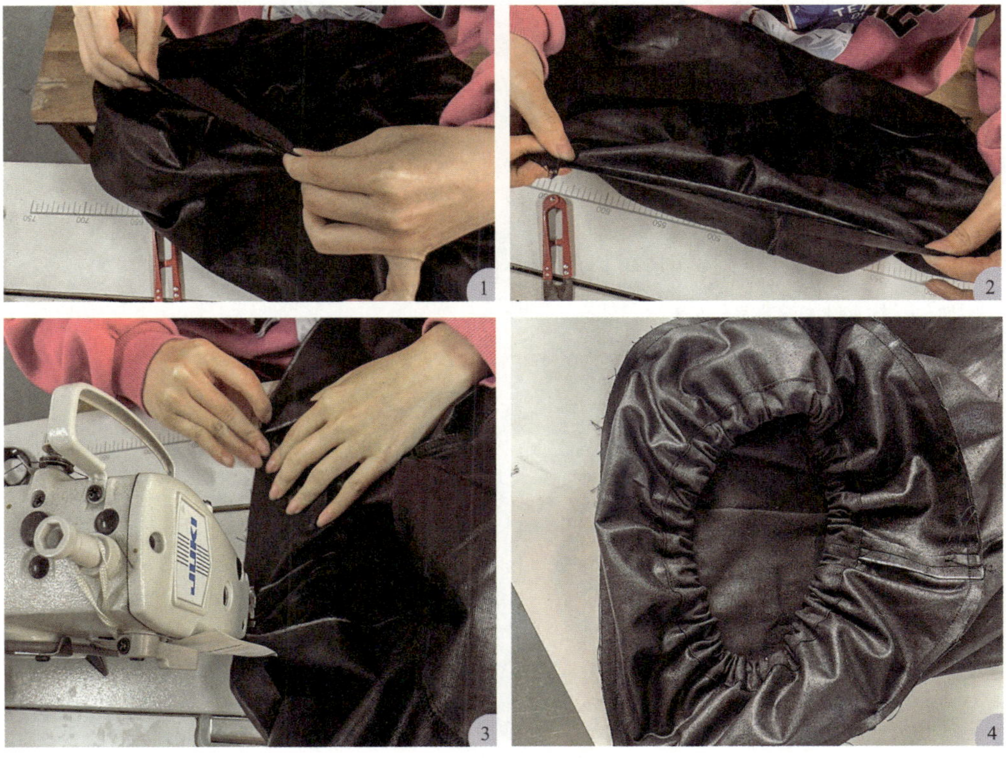

图 3-3-10

8. 裤口挽边，如图3-3-11所示。

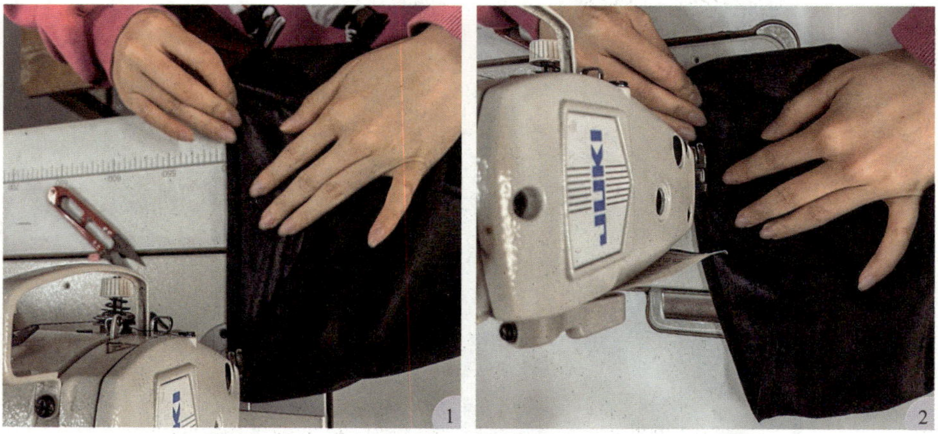

图 3-3-11

9. 整烫。整烫前先修剪线头，清洗污渍。熨烫时应根据面料性能合理选择温度、湿烫或干烫、时间、压力。浅色面料熨烫时要盖布，尽量避免直烫。丝绒面料不能直接压烫只能用蒸汽喷烫，避免倒毛而产生极光。整烫之目的就是使之平整，符合人体体形特征。

五、拓展练习

按照上述的方法，我们还可以进行不同的搭配和设计，制作出多种宽松裤装。可以自行找图片来参考。

项目四 | 壮族改良款女装制图与制作工艺

项目介绍

- **课题名称：** 壮族改良款女装制图与制作工艺。
- **课题内容：** 1. 壮族改良款女装上衣制图与制作工艺。
  2. 壮族改良款女装裤子制图与制作工艺。
- **课题时间：** 20 ~ 24课时。
- **教学目的：** 通过本项目学习，要让学生动手设计与制作出改良款壮族女装，以提高其动手能力，熟练掌握各种女装制作的缝制技巧。
- **教学方式：** 分组教学、演示教学、任务驱动教学。
- **教学要求：** 1. 独立制作完成一款改良款壮族女装制作。
  2. 小组合作设计并制作改良款壮族女装服装。
- **课前（后）准备：** 多种梭织布、织锦图案、里布、里衬、针线等。

任务一 壮族改良款女装上衣制图与制作工艺

一、任务目标

独立完成一款壮族斜襟上衣的制图与缝制。

二、任务描述

了解了传统款壮族女装斜襟上衣的款式特点并掌握了其制图与制作流程后，结合现代服装结构制图和裁剪知识与技能，学习改良款女装制作流程。本任务需要学生动手制作改良款壮族女装，以培养学生的动手能力与审美能力，培养其做事耐心，好学、好问的良好风貌，如图4-1-1所示。

图 4-1-1

三、任务要求

本次任务需要学生了解改良款壮族女装斜襟上衣与传统款在结构（合体性、裁剪方式、衣身和袖链接方式等）的不同之处；掌握改良款斜襟上衣制图与制作流程，培养学生的动手能力与审美能力。

1. 掌握改良款斜襟上衣的制图与缝制流程，独立完成作品制作。
2. 小组合作设计并制作一款斜襟上衣。

四、任务实施

（一）准备工作

1. 工具：剪刀、锥子、梭芯套、尺子、软尺、划粉等，如图4-1-2所示。
2. 材料：面料、粘衬、花边、针线等，如图4-1-3所示。

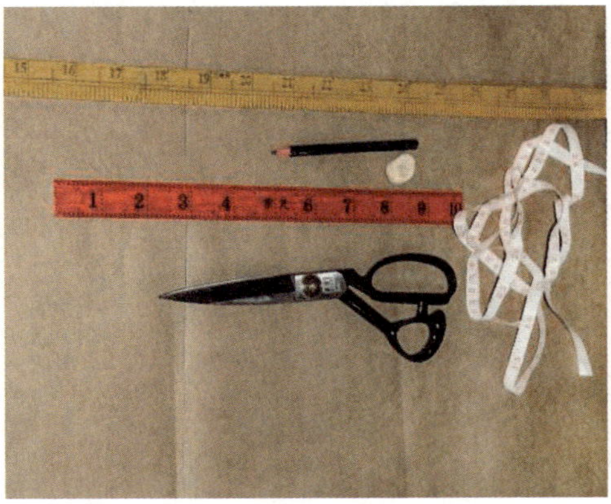

图 4-1-2

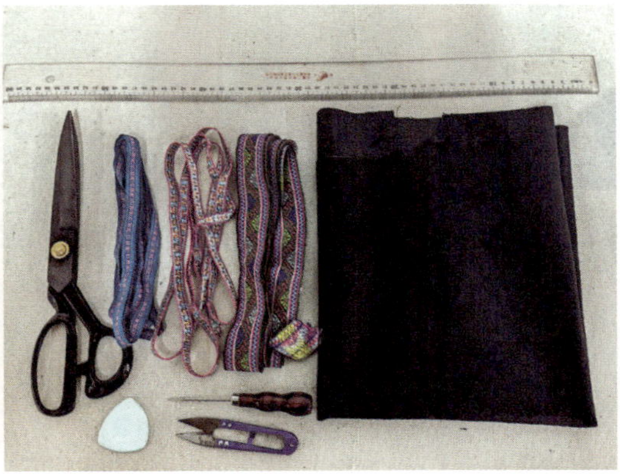

图 4-1-3

（二）结构制图（图4-1-4，单位：cm）

M码上衣各部分尺码见下表。

单位：cm

尺码	衣长	胸围	肩宽	袖长	领围
M	58	94	38	56	37

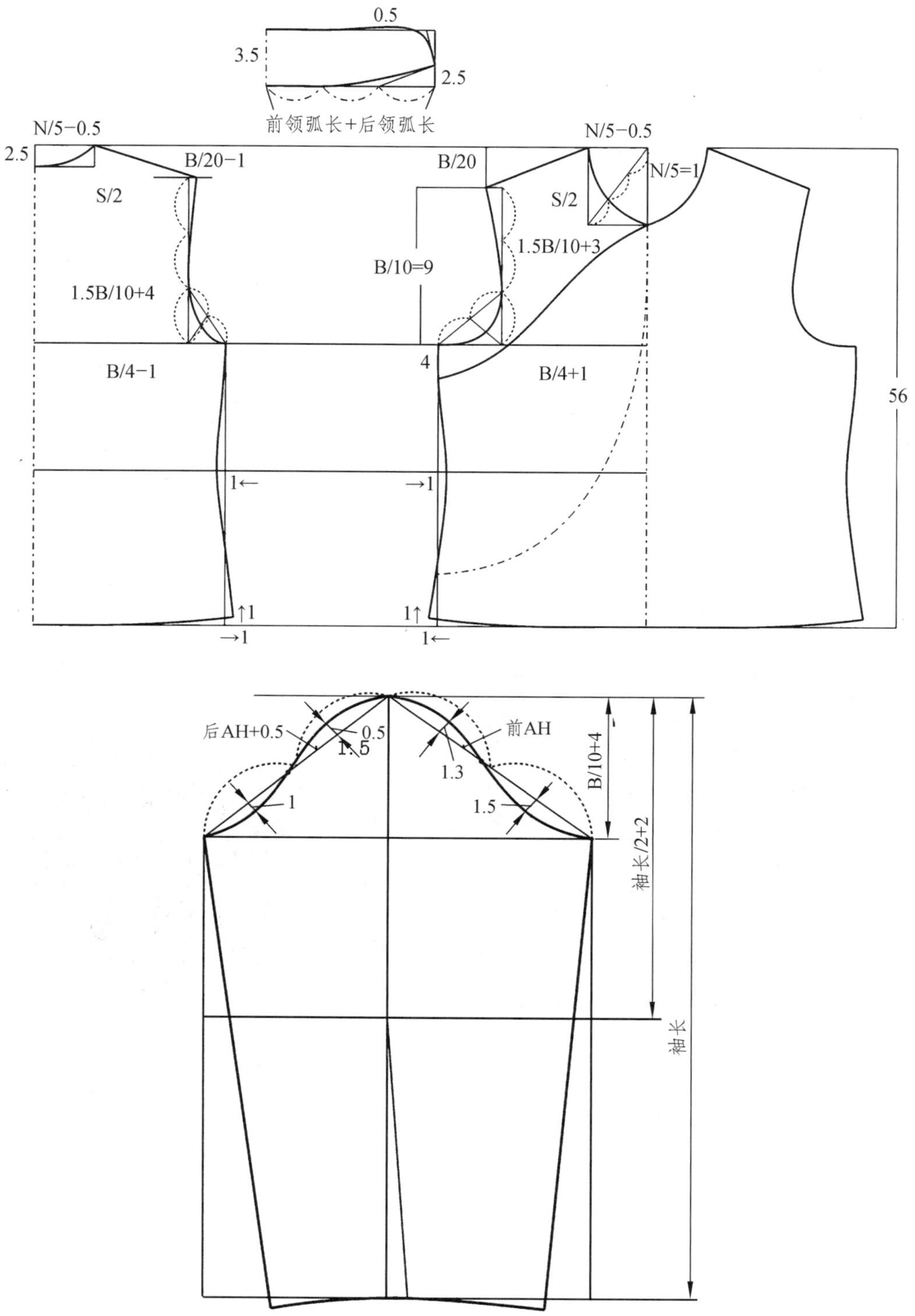

0.5
3.5
2.5
前领弧长+后领弧长
N/5−0.5
2.5
B/20−1
S/2
1.5B/10+4
B/4−1
1←
↑1
→1
N/5−0.5
B/20
N/5=1
S/2
1.5B/10+3
B/10=9
4
B/4+1
→1
1↑
1←
56
后AH+0.5
0.5
1.5
1
前AH
1.3
1.5
B/10+4
袖长/2+2
袖长

图 4-1-4

（三）制作工艺

1．合肩缝。

（1）将前、后衣片正面相对，前片放上层，肩缝对齐，缉线0.8～1 cm，后肩缝靠近颈肩1/3处略有吃势，如图4-1-5所示。

图　4-1-5

（2）缉好后进行拷边，向后片坐倒。注意不得拉还肩缝，如图4-1-6所示。

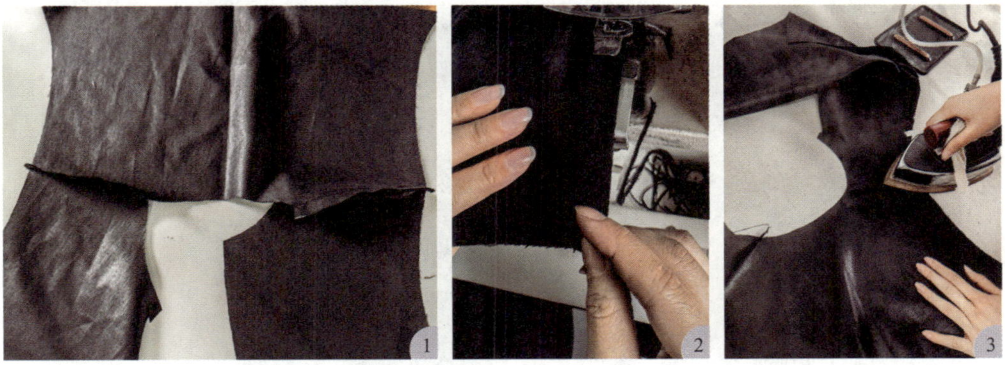

图　4-1-6

2. 缉缝花边。

（1）定位领口花边，根据位置按顺序缉缝花边，注意缉缝时先缝花边下口处再到上口处，较弧处可做打折处理，如图4-1-7所示。

图 4-1-7

（2）整烫领口花边，如图4-1-8所示。

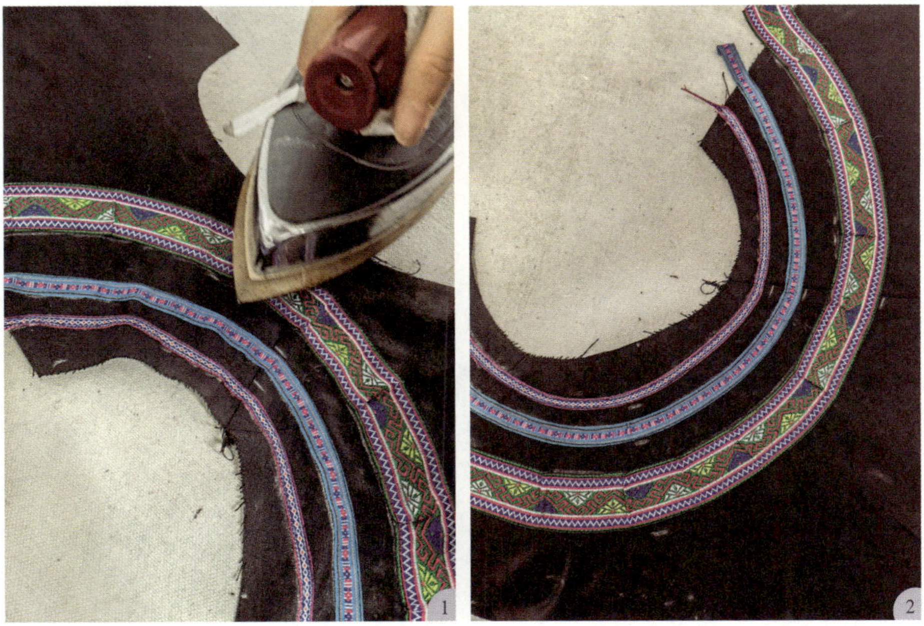

图 4-1-8

（3）定下摆花边位置，按顺序缉缝下摆花边。缝制下摆转角花边时花边到转角处应先转折后缉线。注意应向摆缝方向转折，不应该向底边方向转折，如图4-1-9所示。

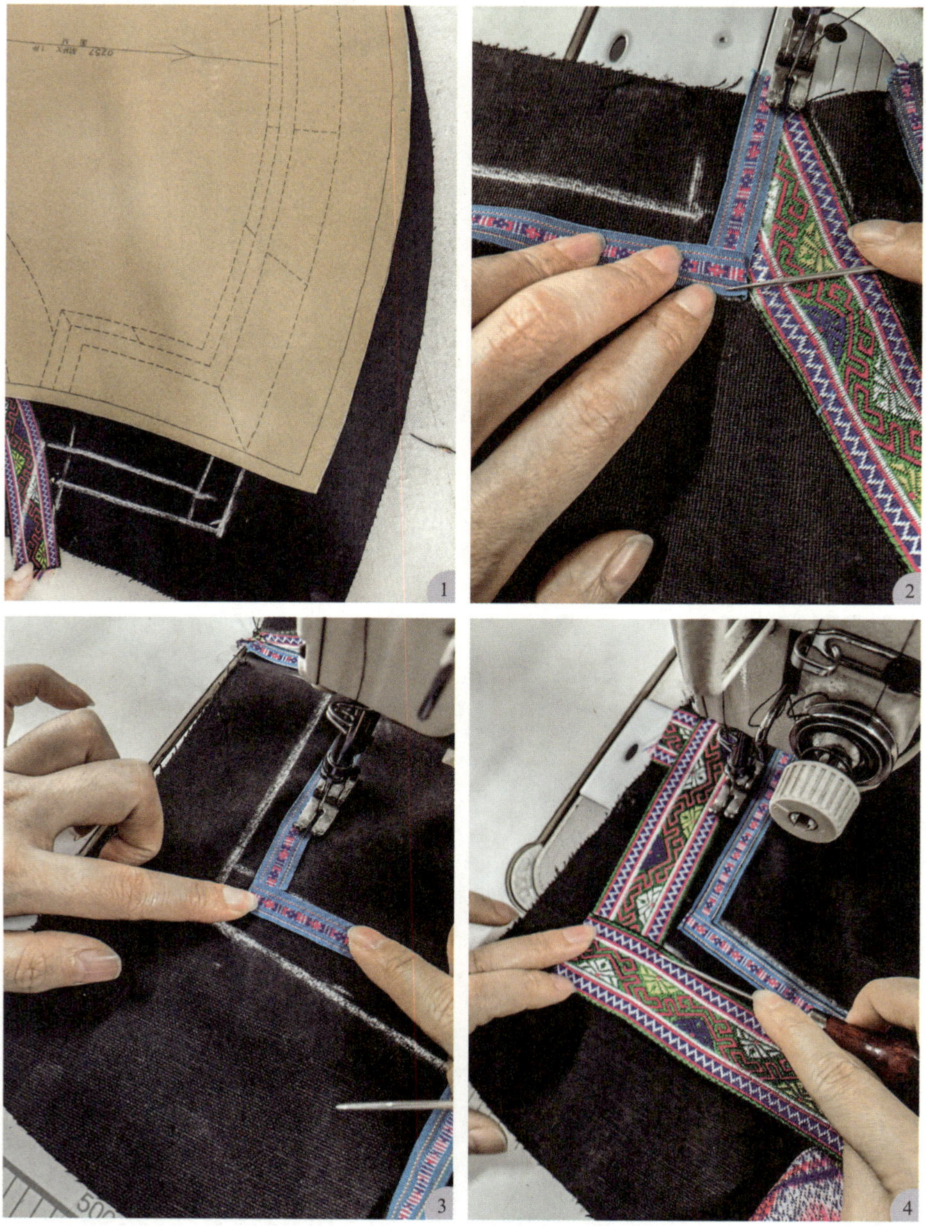

图 4-1-9

（4）前衣身下摆花边缉缝完成，如图4-1-10所示。

图 4-1-10

3. 做袖、装袖。

（1）定袖口花边位置，按顺序缉缝花边，如图4-1-11所示。

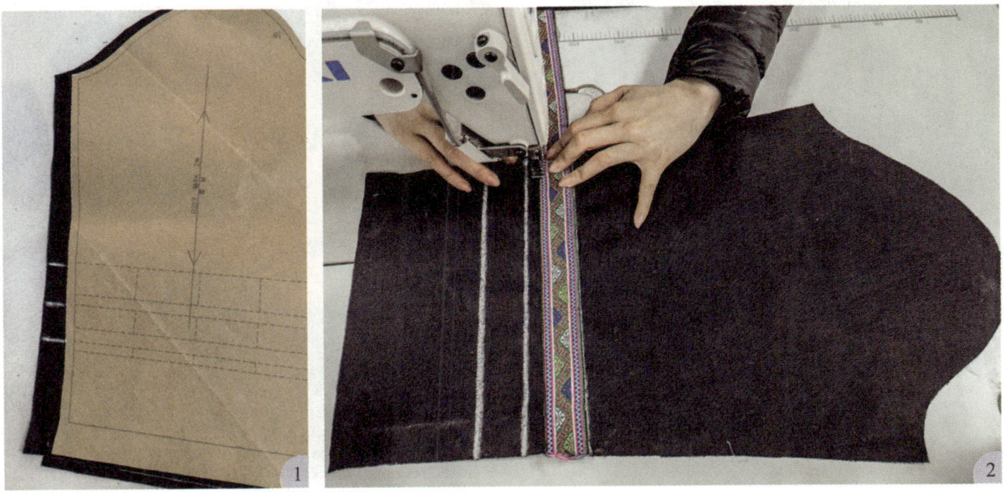

图 4-1-11

（2）袖子放上层，大身放下层，便于掌握袖子吃势（也可以比对衣、袖笼弧长后，归拢袖笼弧）；正面相叠，袖窿与袖山放齐，袖山头眼刀对准肩缝，肩缝朝后身倒，缉线0.8 ~ 1 cm，然后拷边，如图4-1-12所示。

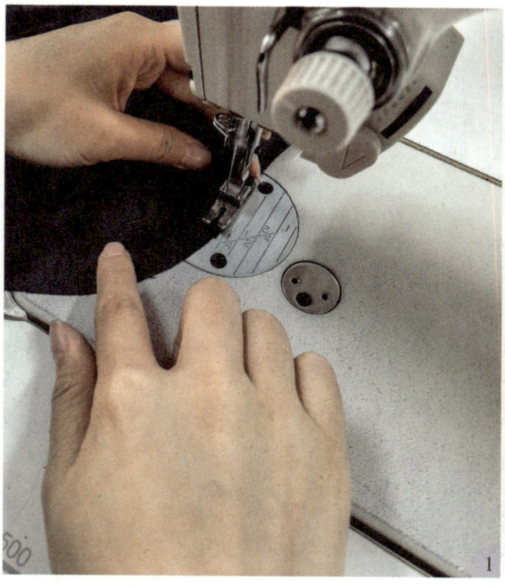

图 4-1-12

4. 缝合摆缝和袖底缝。

（1）定位衣下摆开衩处，如图4-1-13所示。

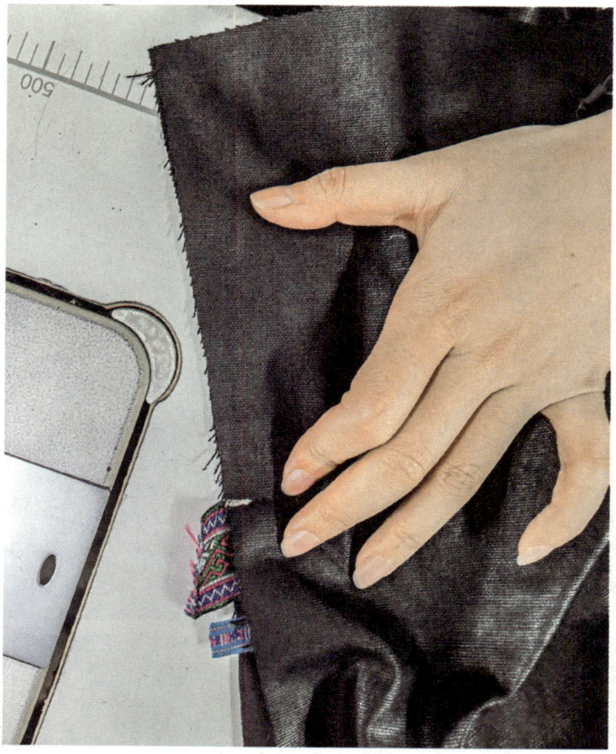

图 4-1-13

（2）衣片放上层，后衣片放下层。右身从袖口向下摆方向开衩处缝合，左身从下摆开衩处向袖口方向缝合，袖片花边处对齐，袖底十字缝对齐，上下层松紧一致，然后拷边，如图4-1-14所示。

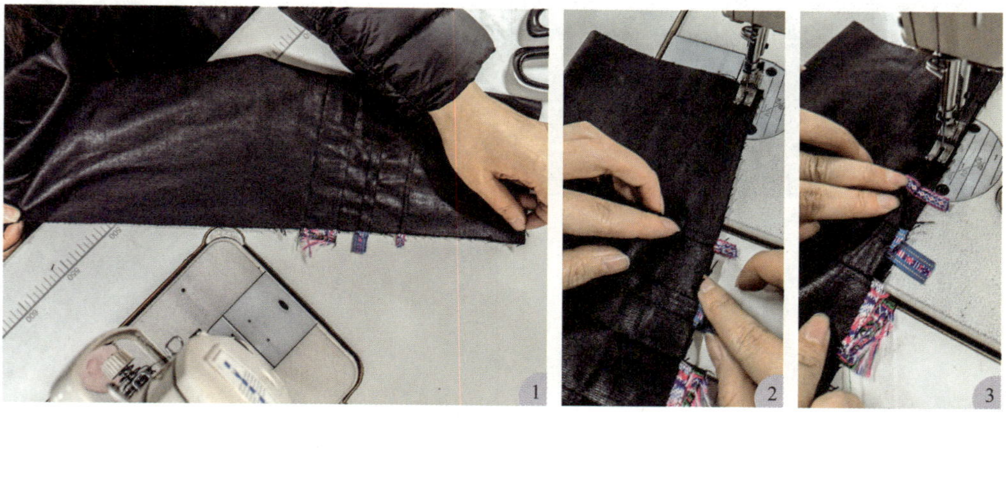

图 4-1-14

（3）衣摆左右侧做衩。

根据开衩处剪1 cm，衩的两边分别进行拷边后向里扣烫1 cm，正面缉0.5 cm明线，如图4-1-15所示。

图 4-1-15

5. 做领、装领。

（1）缉缝斜襟。

斜襟拷边，向里折1 cm，缉0.2 cm明线，如图4-1-16所示。

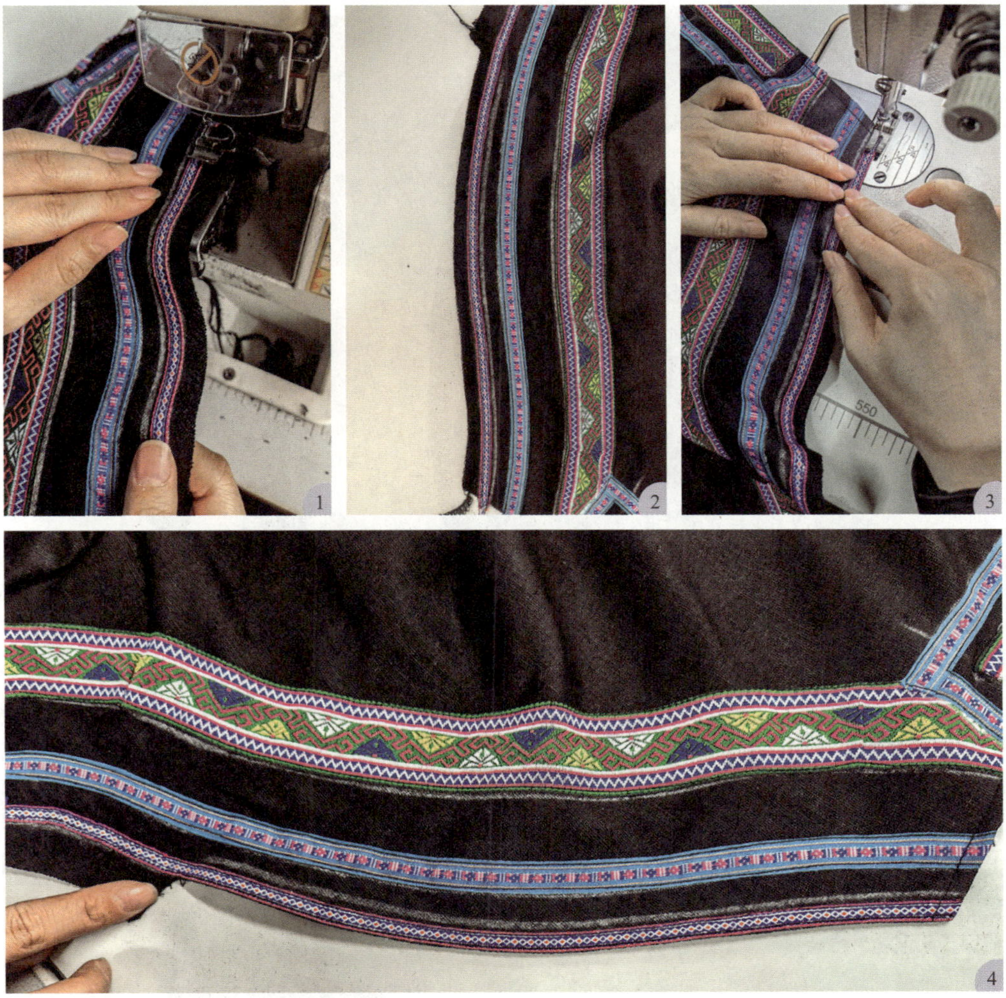

图 4-1-16

（2）做领。

①领面下口折转边熨烫1 cm，领面和领里正面相叠，眼刀分别对准沿领上口净衬边缉线0.5 cm，如图4-1-17所示。

②修剪缝头，将领子两端圆头的内缝修成0.3 cm，用大拇指顶住圆头缉线翻出。圆头要圆顺，止口不反吐，缝头要烫平，如图4-1-18所示。

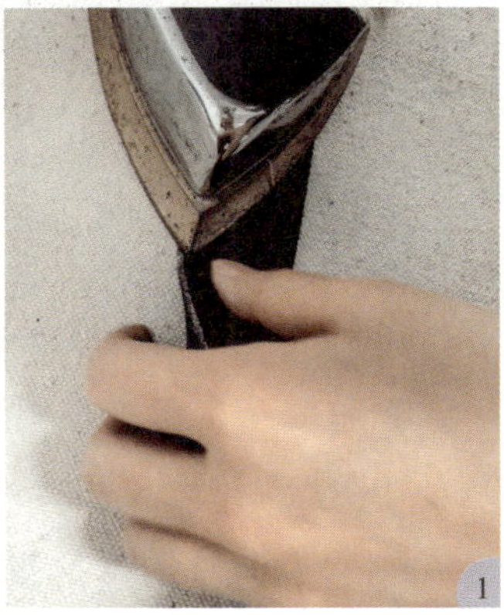

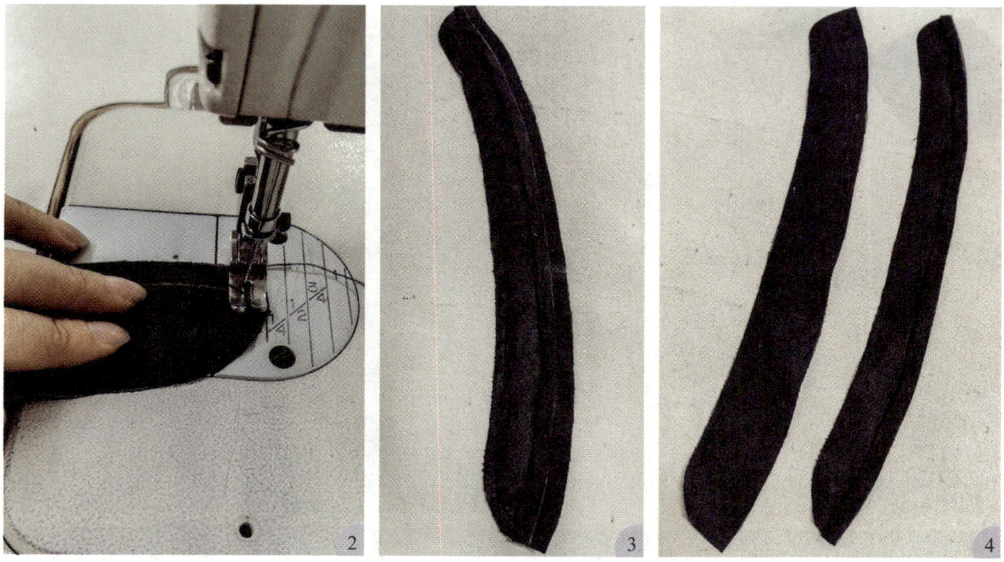

图　4-1-17

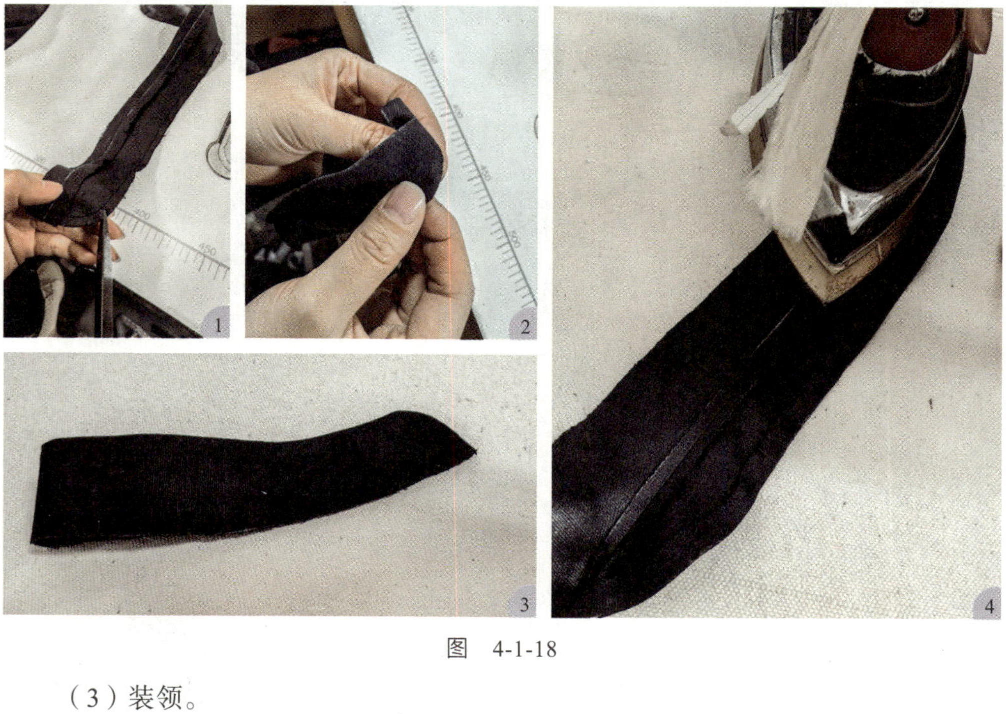

图　4-1-18

（3）装领。

领里的下口与衣身领圈对齐，正面相对，起落针时，比前中襟缩进0.1 cm；从前中处开始缉线0.9 cm，注意眼刀对准相应部位。领子与领圈不相适宜时，一般在领圈肩缝处稍微抽拢，其余部位不要拉还或抽拢，夹缉0.1 cm明线，如图4-1-19所示。

图 4-1-19

6. 卷袖口、底边。

（1）袖口拷边后折转底边贴边缉1.5 cm明线，如图4-1-20所示。

图 4-1-20

（2）底边拷边后折转底边贴边缉1.5 cm明线，如图4-1-21所示。

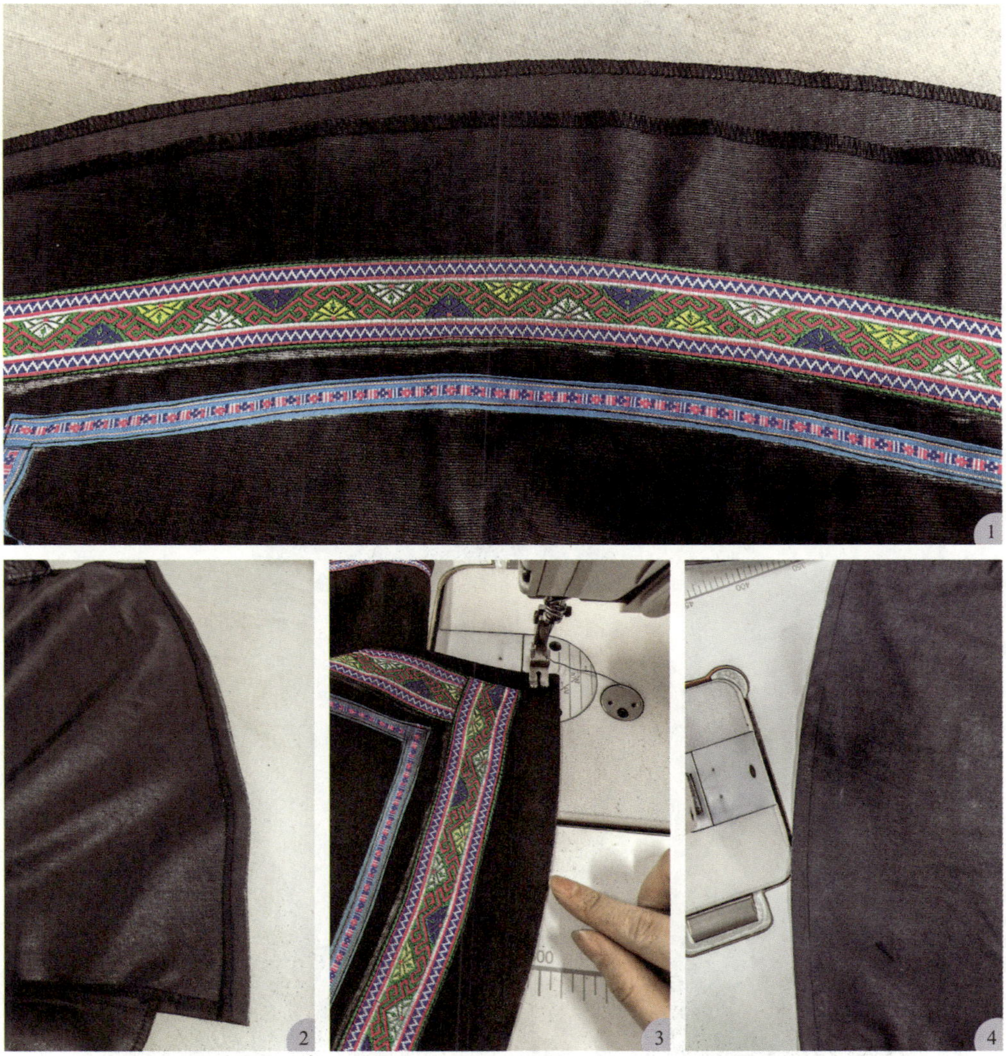

图 4-1-21

7. 钉盘扣。

（1）钉扣位置：第一副扣钉在领头下，第二副扣钉在大襟转弯处，第三副扣钉在大襟，如图4-1-22所示。

图 4-1-22

（2）钉扣方法：小襟格钉纽袢，大襟格钉扣坨，用细密针缝牢，纽袢条两端要折光藏盘花下面。如装隐形拉链可不钉第三副扣，拉链装至大襟下端，如图4-1-23所示。

图 4-1-23

注意：①扣坨伸出大襟长度与纽襻长度应在扣好后对位正确。

②第二副扣角度应考虑美观，考虑受重力影响而出现的不平整问题。

8. 整烫。

整烫前修剪线头，清洗污渍。熨烫时应根据面料性能合理选择温度、湿烫或干烫、时间、压力。浅色面料熨烫时要盖布，尽量避免直烫。丝绒面料不能直接压烫只能用蒸汽喷烫，避免倒毛而产生极光。

（1）整烫目的：平整，符合人体体形特征。

（2）整烫顺序：袖口→袖缝→摆缝→肩缝→衣身→下摆→领子，如图4-1-24所示。

1

2

3

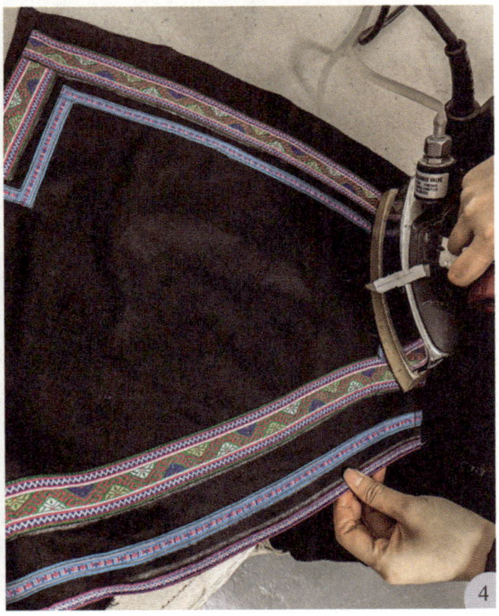
4

图 4-1-24

任务二 壮族改良款女裙制图与制作工艺

一、任务目标

独立完成一款壮族改良款抽褶裙制图与缝制。

二、任务描述

学生应了解改良款抽褶裙款式特点，结合现代服装制图与裁剪知识，进一步学习改良款抽褶裙的结构和工艺制作流程。本任务需要学生制作改良款抽褶裙，以培养学生的动手能力与审美能力，样式如图4-2-1所示。

图 4-2-1

三、任务要求

1. 掌握改良款抽褶裙的制图与制作流程，能独立完成作品。
2. 小组合作设计一款抽褶裙，并制作出来。

四、任务实施

（一）准备工作（图 4-2-2）

1. 工具：剪刀、锥子、梭芯套、尺子、软尺、划粉等。
2. 材料：面料、粘衬、花边、针线等。

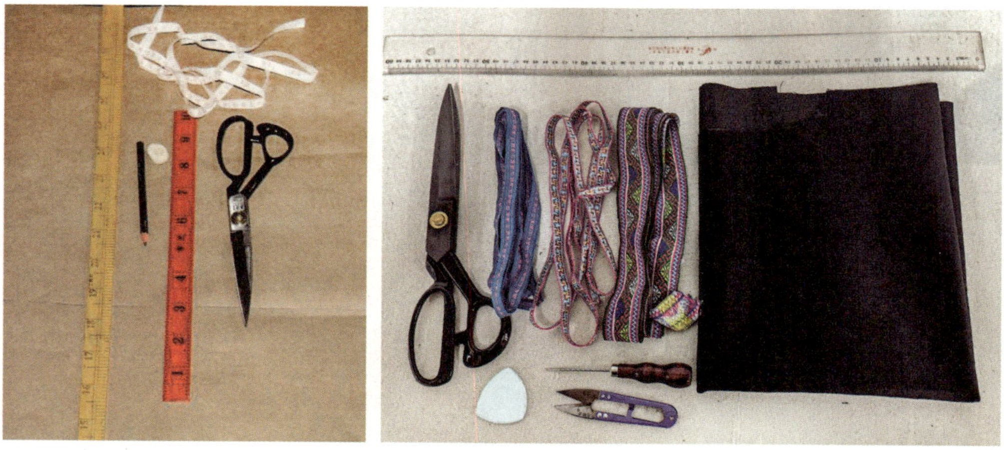

图 4-2-2

（二）结构制图（图 4-2-3，单位：cm）

M码改良款抽褶裙尺码见下表，样式如图4-2-3所示。

单位：cm

尺码	裙长	臀围	腰围	直裆	摆围
M	85	104	64	20	152

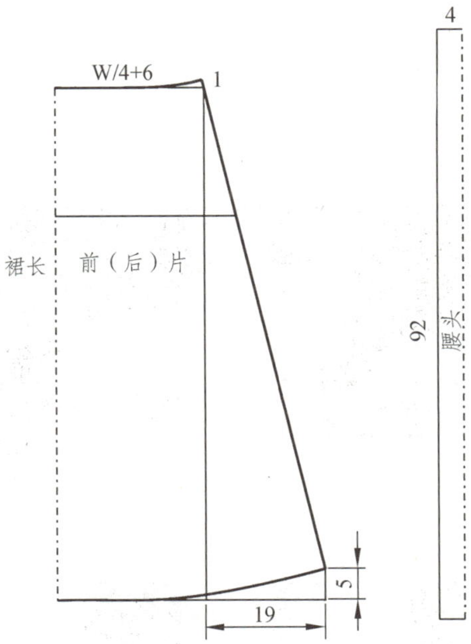

图 4-2-3

（三）制作工艺

1. 做缝制标记，定出下摆花边的位置，如图4-2-4所示。

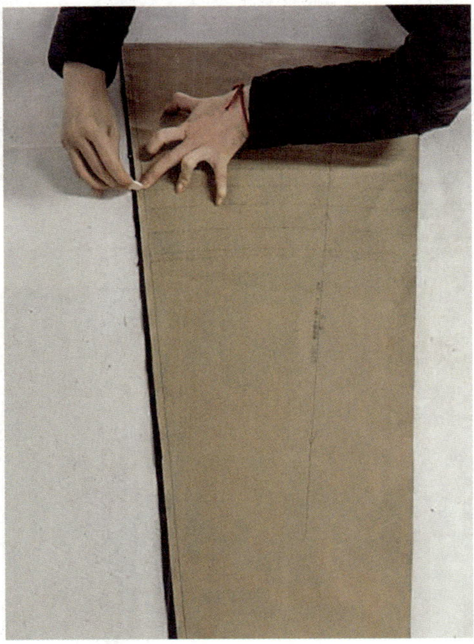

图 4-2-4

2. 缝合侧缝。

右侧缝从腰头处开始向裙摆缉线，左侧缝从裙摆开始向腰头缉线，缉线毛缝1 cm。缉线时注意平缝的上下层松紧一致。两边侧缝拷边后将侧缝烫倒缝，烫平整，如图4-2-5所示。

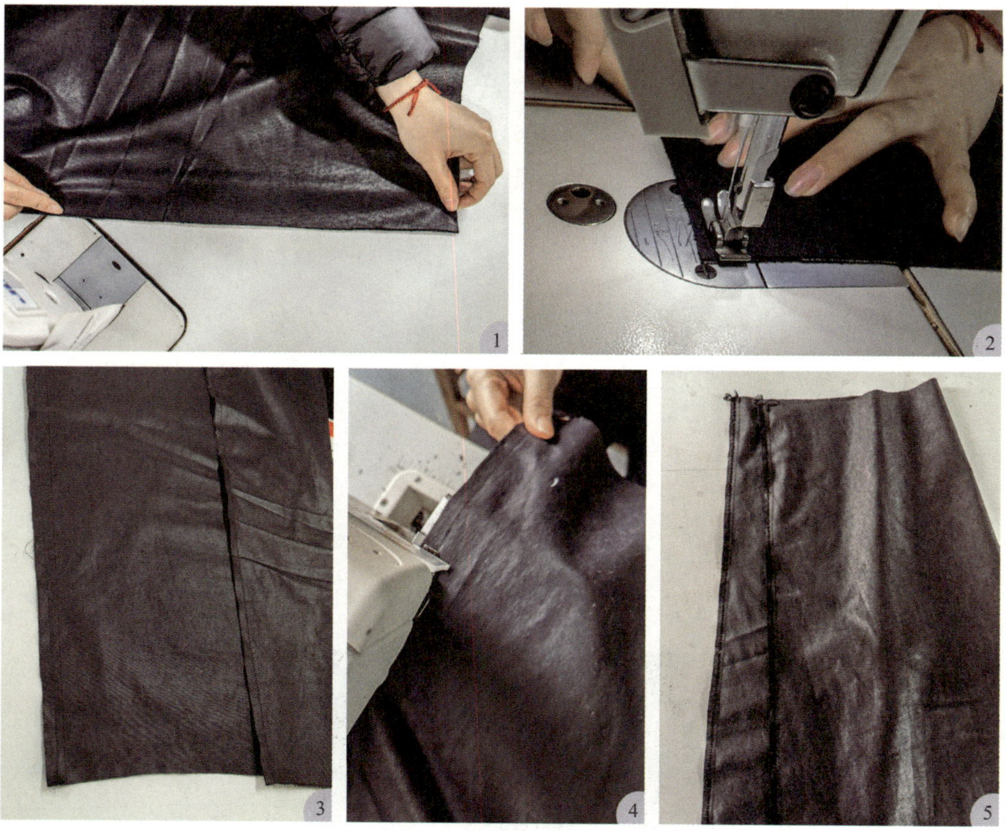

图 4-2-5

3. 缉缝花边。

根据标记按顺序依次给裙摆缉缝花边。每条花边缉缝顺序为先缉花边下口处0.1 cm，止口处花边内扣1 cm，再到缉花边上口处0.1 cm。缉缝花边在弧度大的地方可做打细褶处，如图4-2-6所示。

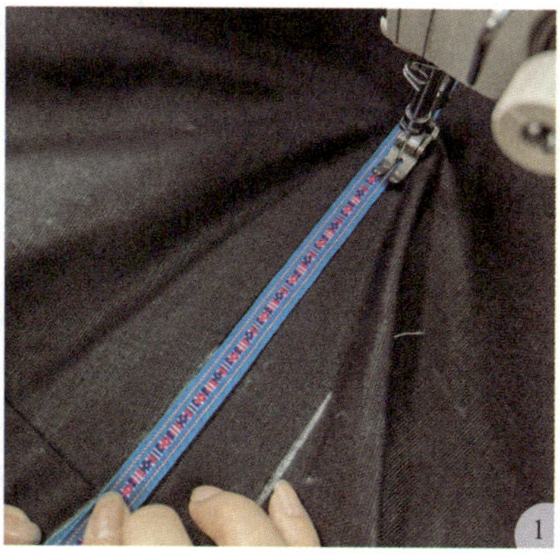

图 4-2-6

4. 做腰头。

在腰面下口做装腰标记，腰头反面朝里对折、烫平；把腰面下口缝头沿1 cm缝头处扣转包紧，烫平，缉缝拼合腰头，做分开烫，如图4-2-7所示。

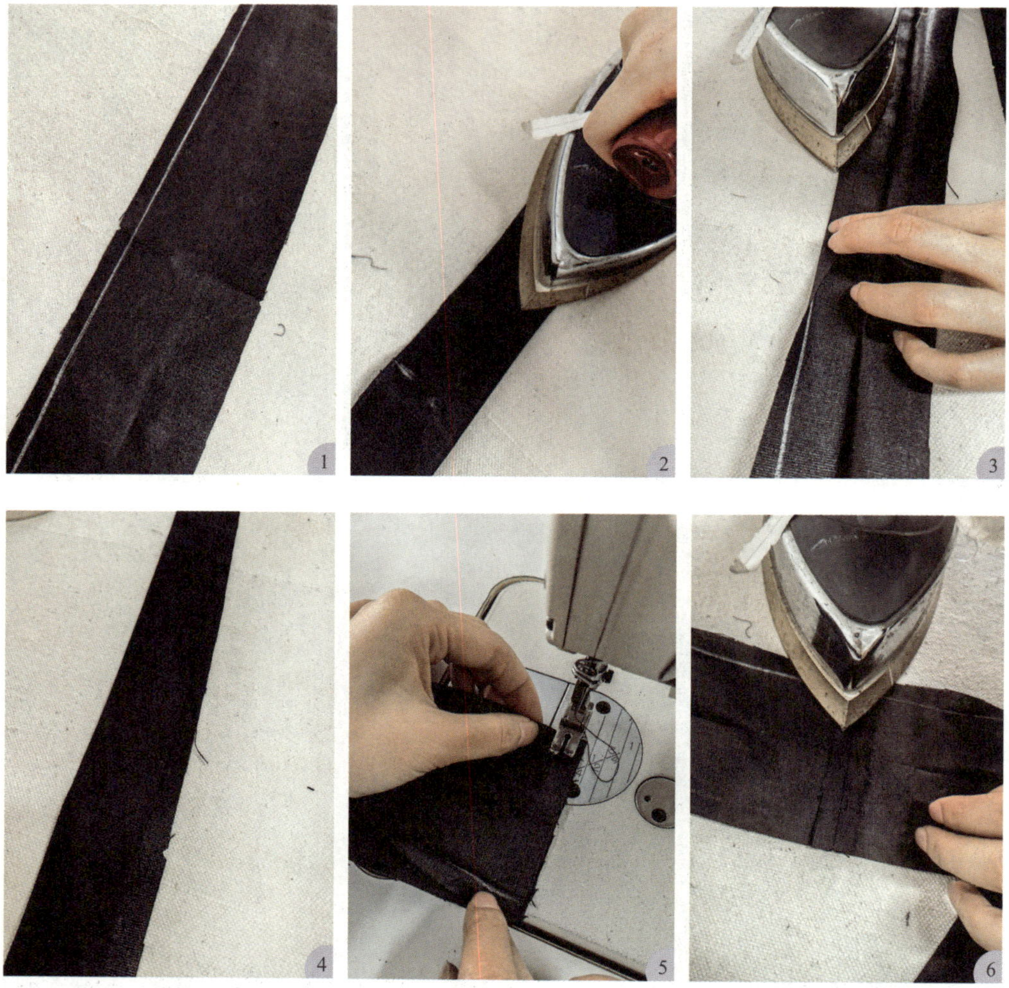

图 4-2-7

5. 装腰头。

（1）核对尺寸，检查裙片腰口尺寸是否符合规格要求。

（2）装腰面，腰里的对档标记对准裙腰口对应位置，腰头在上，裙身在下，正面相叠，缝头对齐，从一侧开始向另外一侧方向，沿腰里缉毛缝线1 cm，如图4-2-8所示。

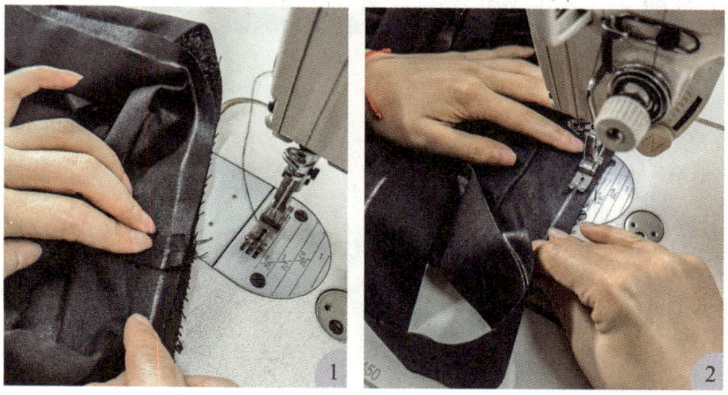

图 4-2-8

（3）压腰头，腰面翻正，腰里放平，正面兜缉一圈0.1 cm明线，留2 cm开口装松紧带。压缉腰面下口时，注意下层腰里带紧，防止起涟，如图4-2-9所示。

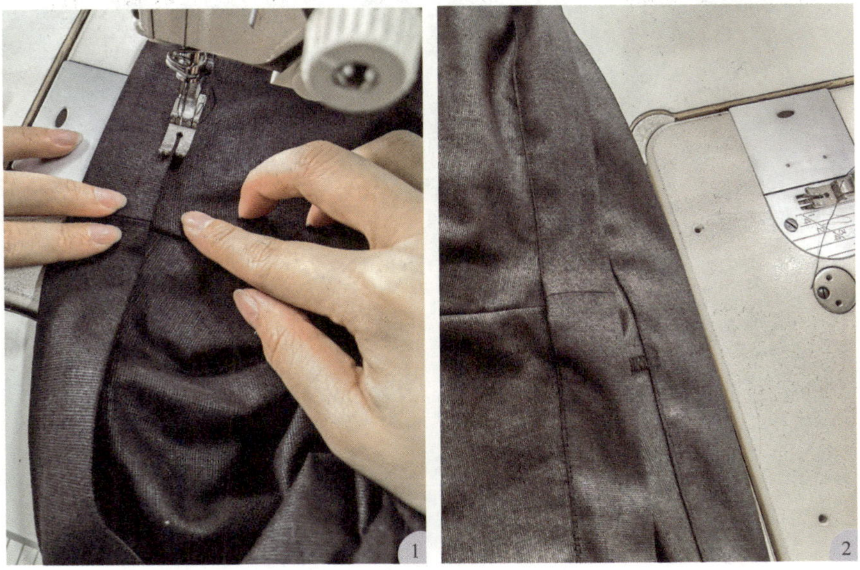

图 4-2-9

6. 手工装松紧带。

用工具把松紧带从留口处放进腰头后缝合松紧带，缉缝留口处，如图4-2-10所示。

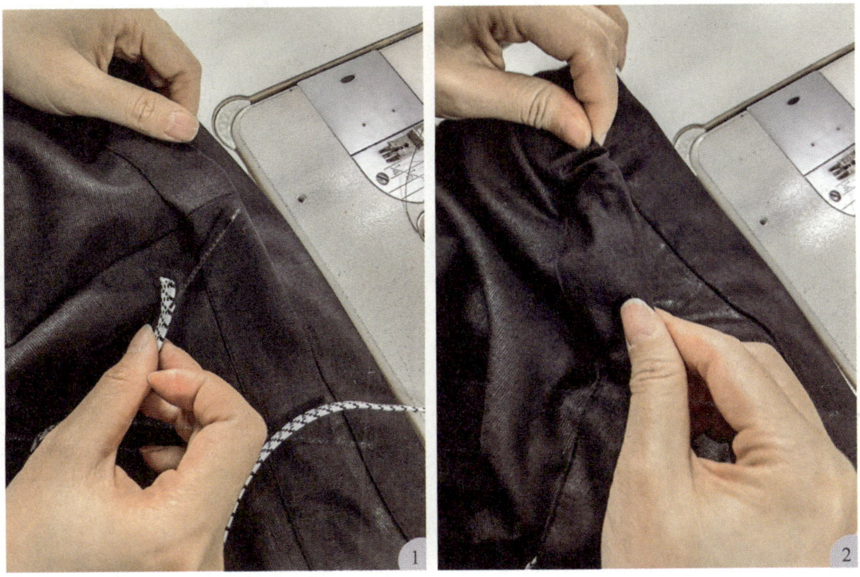

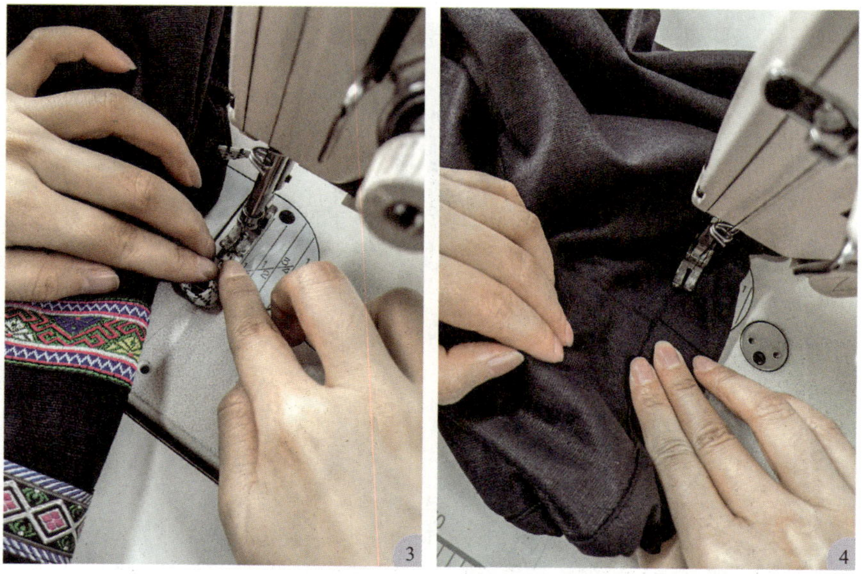

图 4-2-10

7. 卷缝底边。

折转底边贴边，贴边扣转毛缝，缉1 cm明线，如图4-2-11所示。

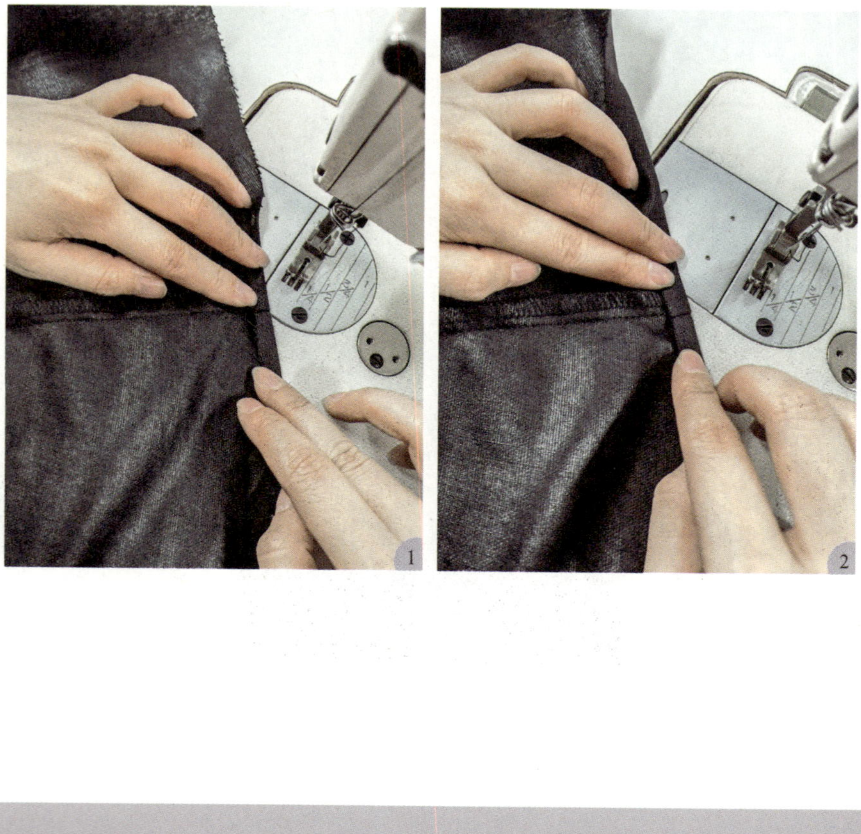

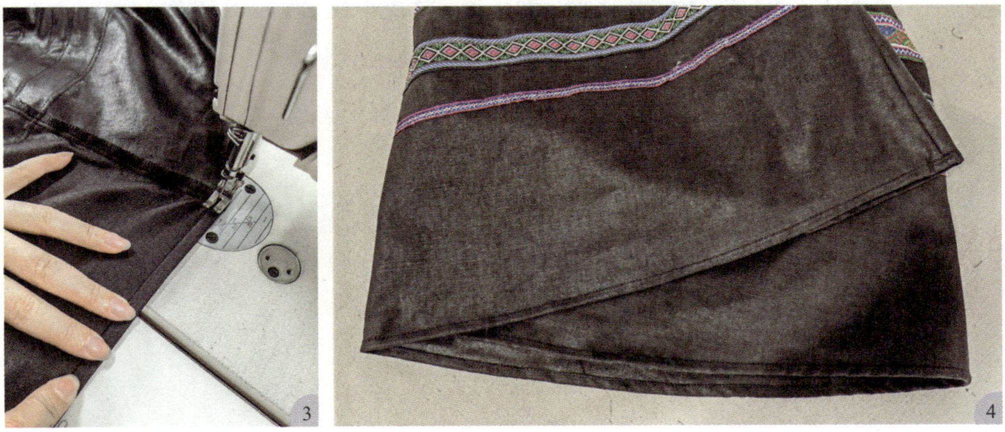

图 4-2-11

8. 整烫

（1）烫平、压薄裙贴边。

（2）烫侧缝、腰面、腰里。重复将这些部位摆平，烫平整。

注意：浅色面料正面熨烫均要盖上水布，喷水烫平。熨烫时，熨斗直上直下地烫，不能用熨斗横推。熨斗的走向应与衣料的丝绺一致，以免裙子变形走样，如图4-2-12所示。

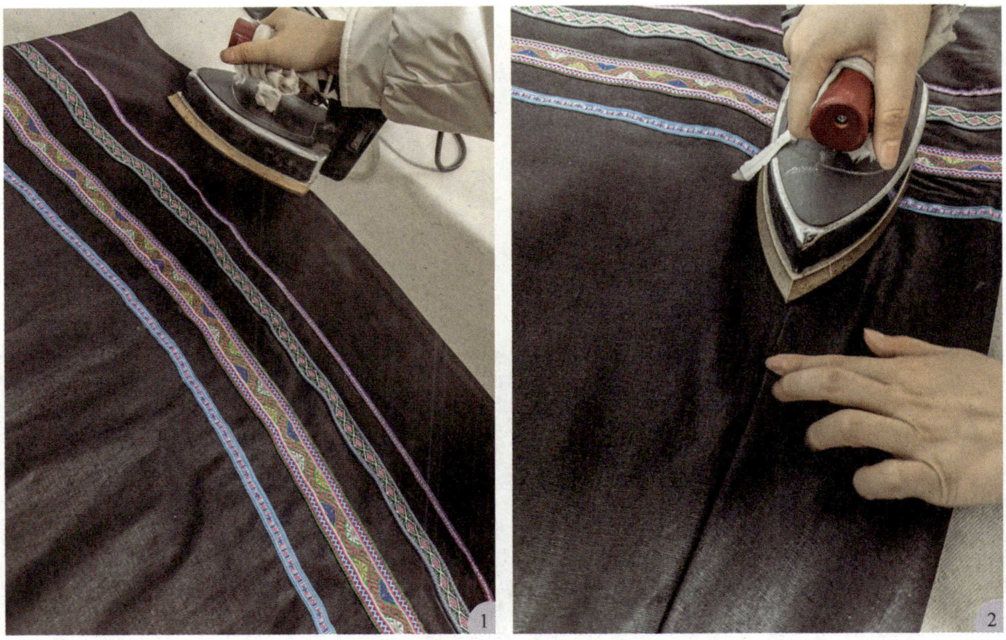

图 4-2-12

项目五 | 壮族传统男装制图与制作工艺

项目介绍

- **课题名称：** 壮族传统男装制图与制作工艺。
- **课题内容：** 1. 壮族男装对襟上衣的制图与制作工艺。
  2. 壮族男裤的制图与制作工艺。
- **课题时间：** 20～28课时。
- **教学目的：** 学生动手设计与制作壮族男装服饰，以提高学生的动手能力，熟练掌握各种男装服饰制作的技巧。
- **教学方式：** 分组教学、演示教学、任务驱动教学。
- **教学要求：** 1. 独立制作完成一款男装。
  2. 小组合作设计并制作出男装作品。
- **课前（后）准备：** 课前准备多种梭织布、民族织锦图案、里布、里衬、针线等。

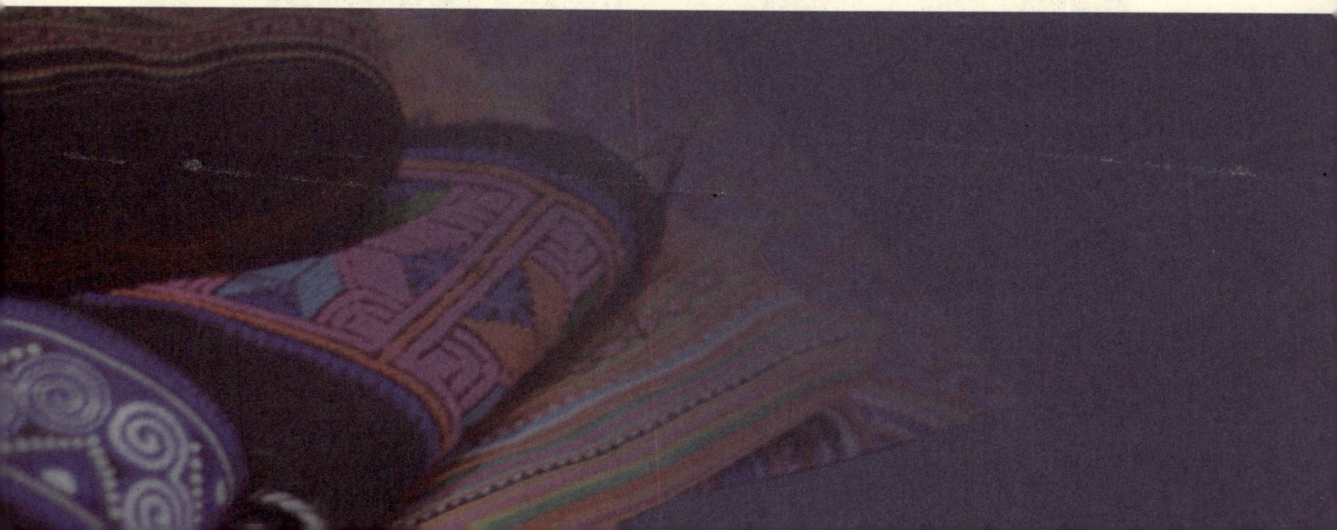

任务一 壮族男装对襟上衣制图与制作工艺

一、任务目标

独立制作一款男装对襟上衣。

二、任务描述

本任务需要学生动手制作一款壮族男装对襟上衣，以培养学生的动手能力与审美能力，培养其做事的耐心，形成好学、好问的良好风貌。款式如图5-1-1所示。

图 5-1-1

三、任务要求

1. 掌握壮族男装对襟上衣的制图与缝制流程，独立完成作品。
2. 小组合作设计制作一款壮族男装对襟上衣。

四、任务实施

（一）工具准备

1. 工具：剪刀、锥子、梭芯套、尺子、软尺、划粉等，如图5-1-2所示。
2. 材料：面料、粘衬、花边、针线等，如图5-1-3所示。

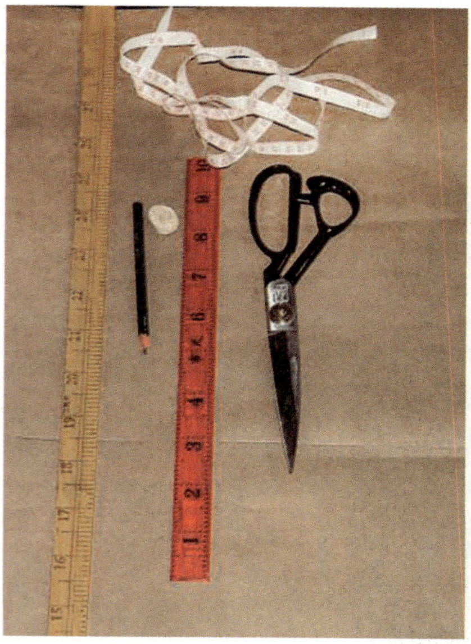

图 5-1-2

图 5-1-3

（二）结构制图

M码男装上衣各部分尺码见下表，样式如图5-1-4所示。

单位：cm

尺码	衣长	胸围	肩宽	袖长	领围
M	61	104	42	58	41

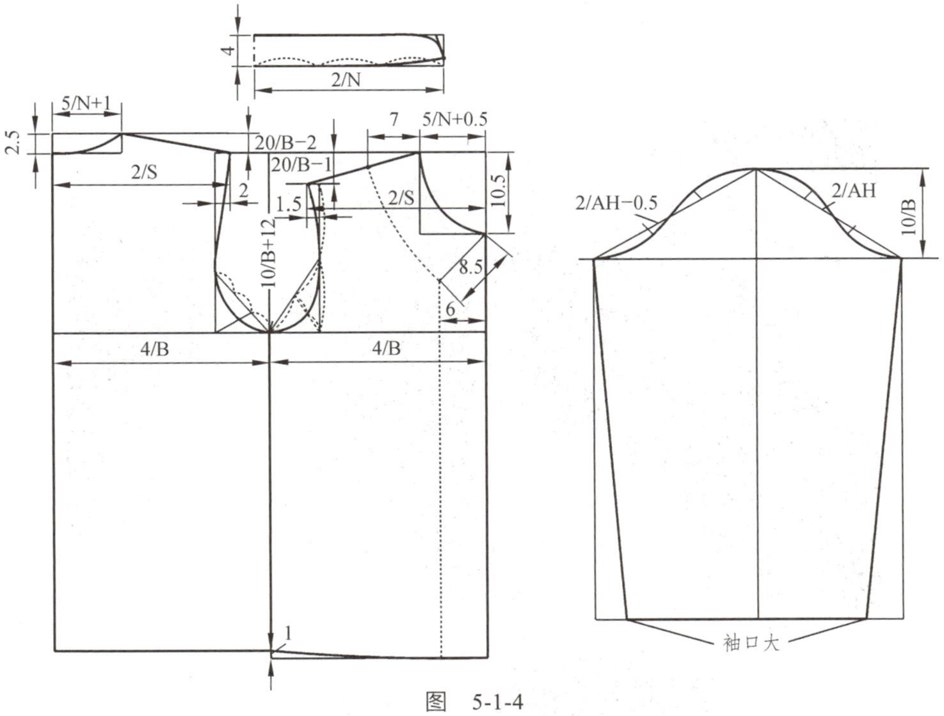

图 5-1-4

（三）制作工艺

1. 剪纸样，排版裁剪布料，如图5-1-5所示。

图 5-1-5

2. 拷边、扣烫前衣片。

给前中、肩缝拷边，前中分别向里扣烫1 cm，烫平，如图5-1-6所示。

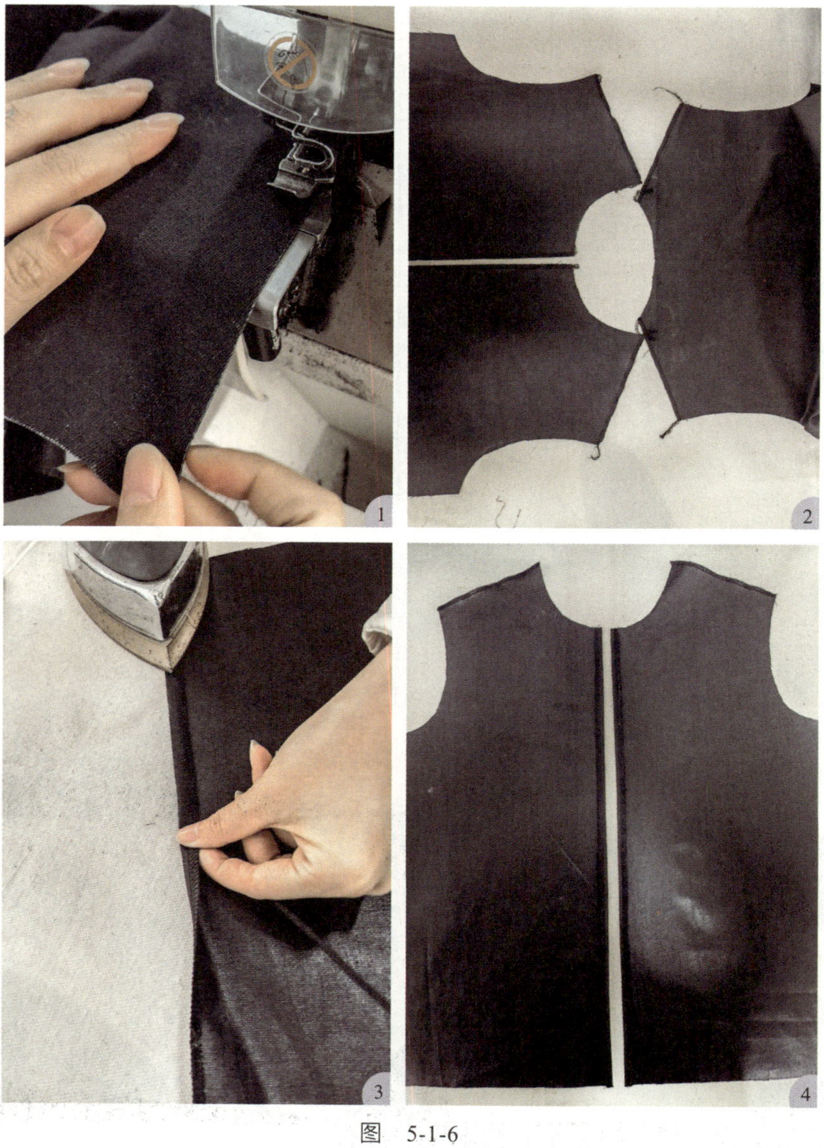

图 5-1-6

3. 做前片。

（1）缉缝花边。

定位领口前中花边，根据位置按顺序缉缝花边。注意缉缝时先缝花边下口处，再缝上口处；较弧处可做打细褶处理。缝制转角花边时，花边到转角处应先转折后缉线，转折方向保持与左右两衣片一致，如图5-1-7所示。

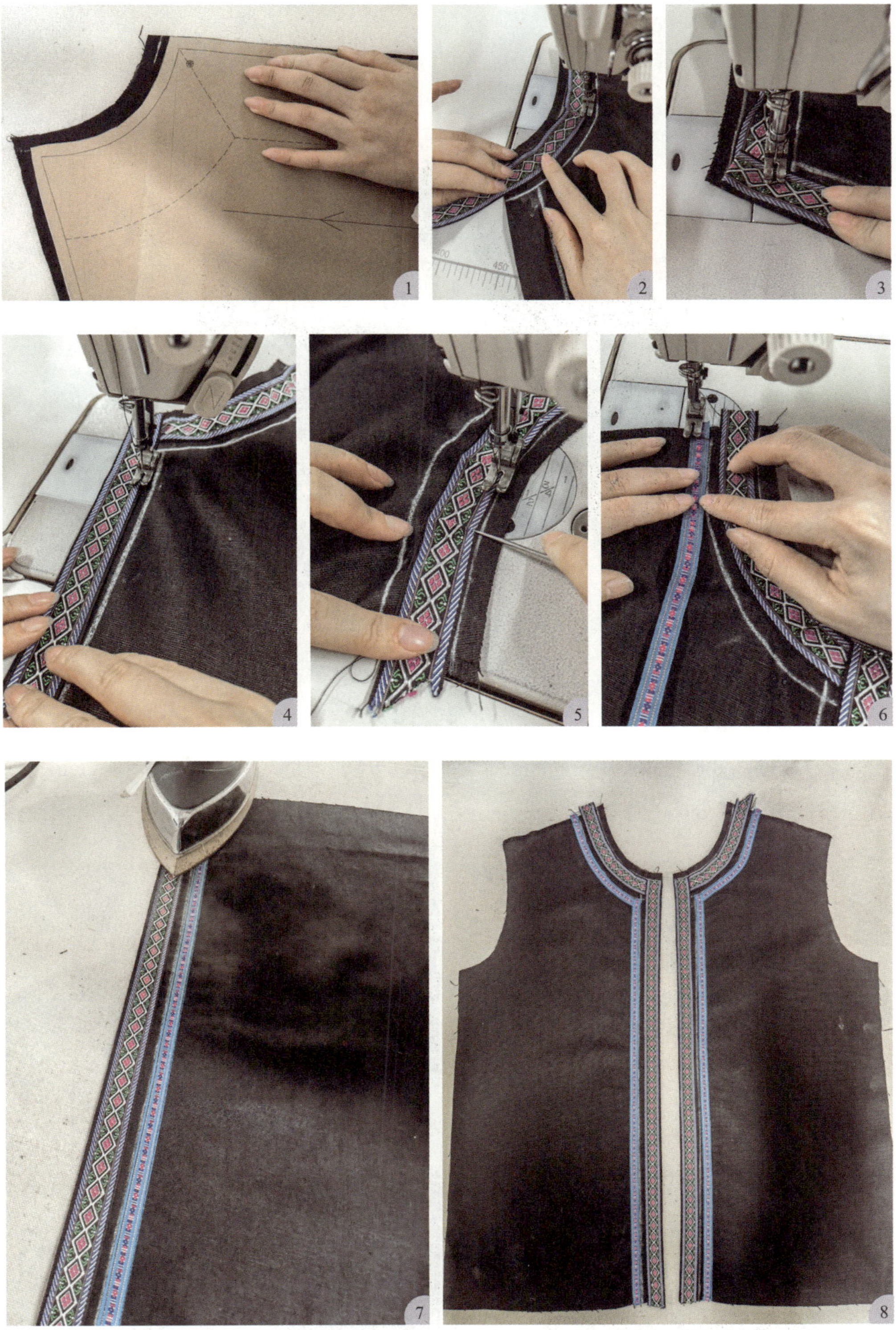

图 5-1-7

（2）里襟。

里襟两头缉压1 cm缝份，向正面翻出，扣烫、拷边。在右门襟下夹里襟，缉0.1 cm明线，如图5-1-8所示。

图 5-1-8

4. 合肩缝。

将拷好边的前、后衣片正面相对，前片放上层，肩缝对齐，缉线0.8 ~ 1 cm；后肩缝靠近颈肩1/3处略有吃势，缝头分开烫。注意不得拉还肩缝，如图5-1-9所示。

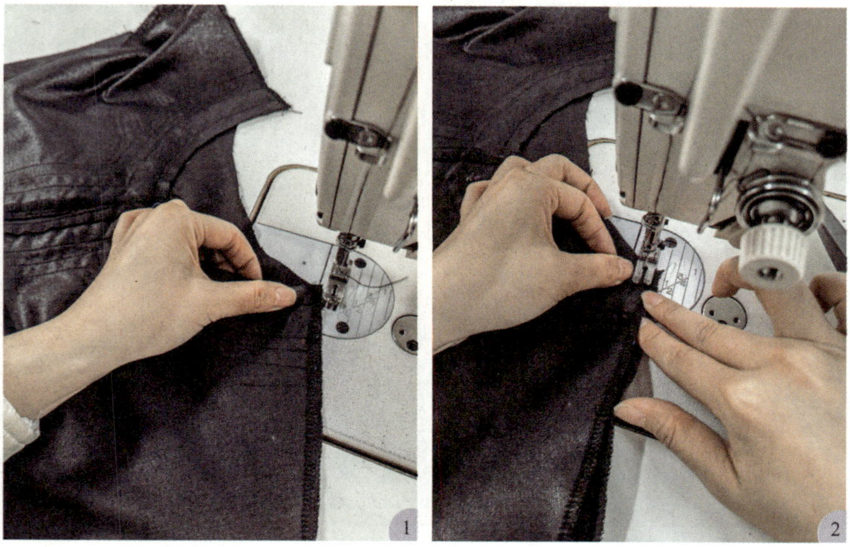

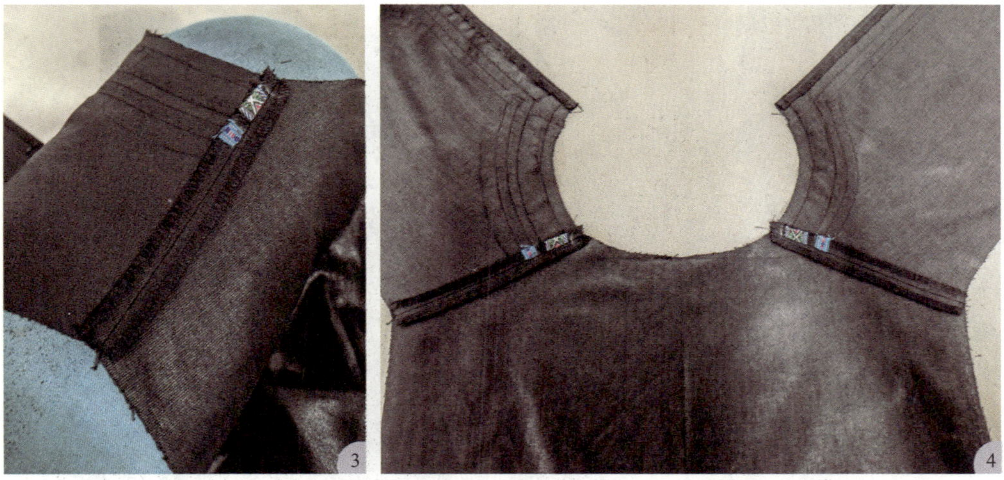

图 5-1-9

5. 做袖与装袖。

（1）定袖口花边位置，按顺序缉缝花边，如图5-1-10所示。

图 5-1-10

（2）袖子放上层，大身放下层，便于掌握袖子吃势（也可以比对衣、袖笼弧长后，归拢袖笼弧）；正面相叠，袖窿与袖山放齐，袖山头眼刀对准肩缝，肩缝朝后身倒，缉线0.8～1cm，然后拷边，如图5-1-11所示。

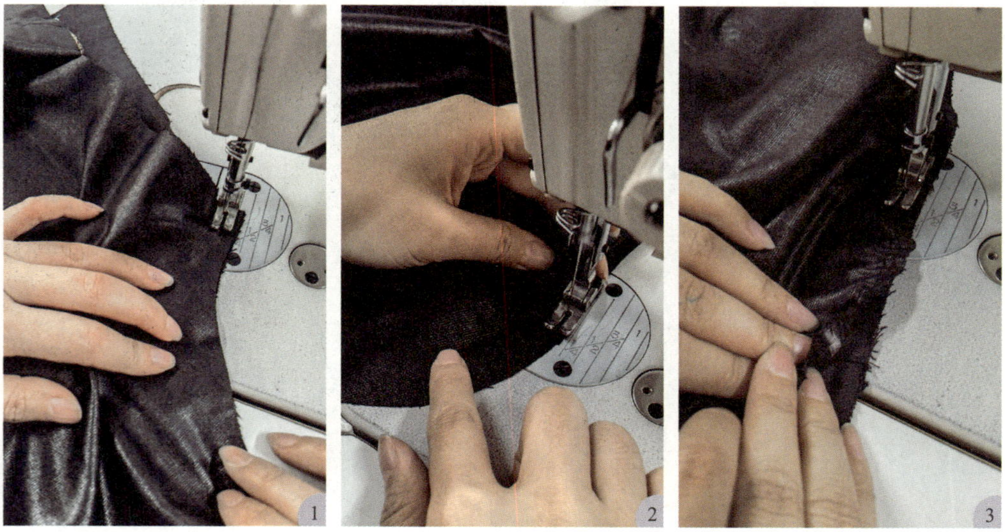

图 5-1-11

6. 缝合摆缝和袖底缝。

衣片放上层，后衣片放下层。右身从袖口向下摆方向缝合，左身从下摆向袖口方向缝合，袖片花边处对齐，袖底十字缝对齐，上下层松紧一致，然后拷边，如图5-1-12所示。

图 5-1-12

7. 做领与装领。

（1）做领。

领面下口折转边熨烫1 cm，领面和领里正面相叠，眼刀分别对准沿领上口净衬边缉线0.5 cm，如图5-1-13所示。

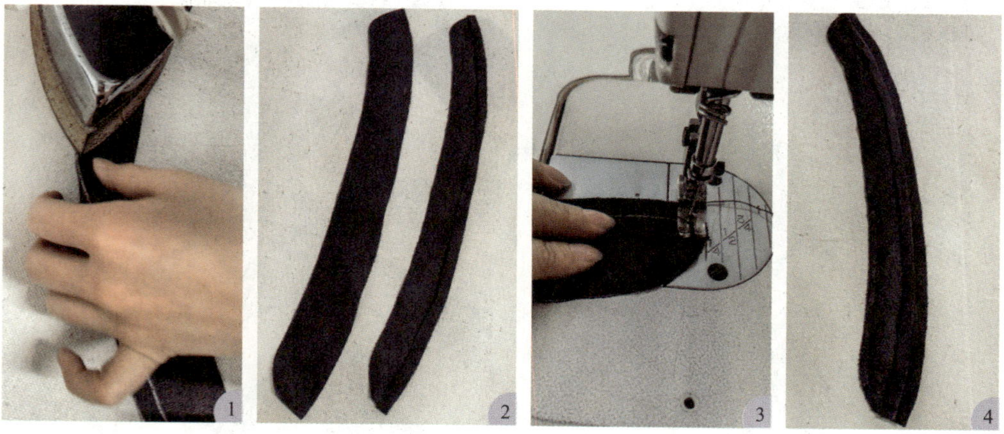

图 5-1-13

（2）修剪缝头，将领子两端圆头的内缝修成0.3 cm，用大拇指顶住圆头缉线翻出，圆头要圆顺，止口不反吐，缝头要烫平，如图5-1-14所示。

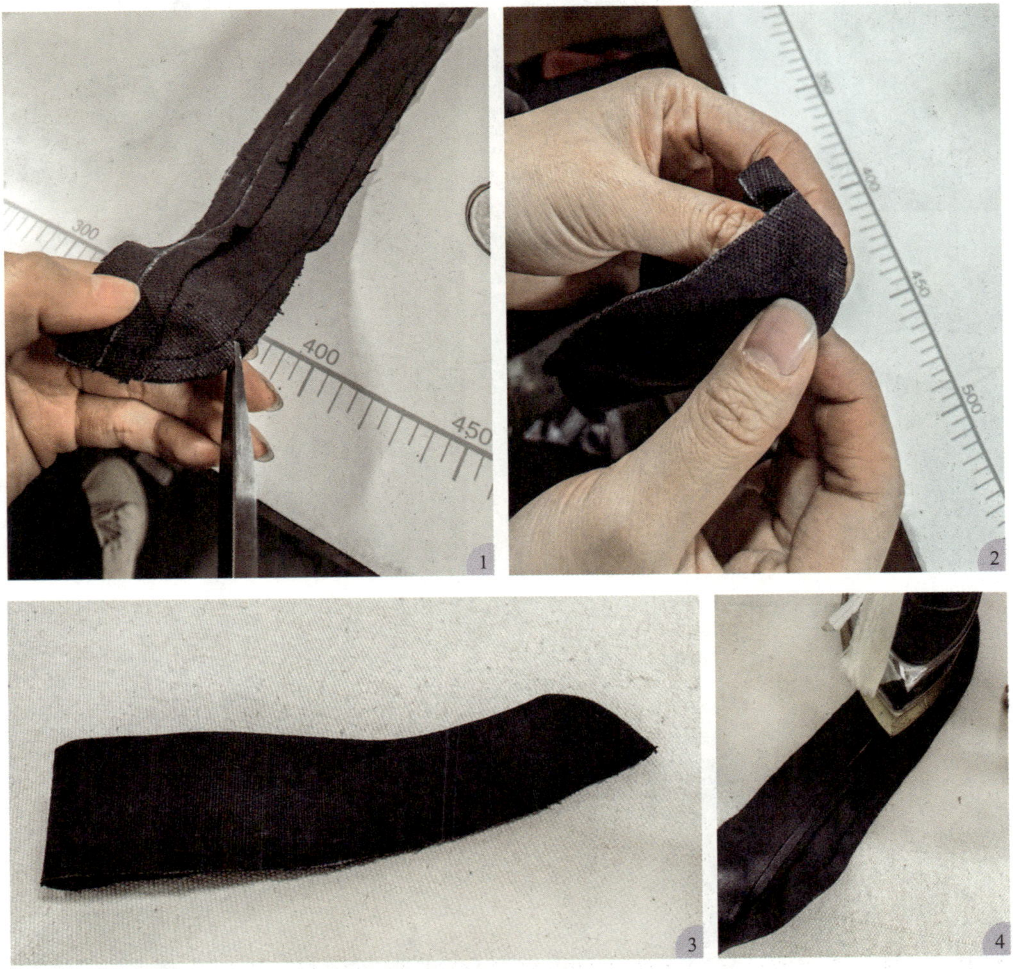

图 5-1-14

（3）装领。

领里的下口与衣身领圈对齐，正面相对，起落针时，比前中襟缩进0.1 cm；从前中处开始缉线0.9 cm，注意眼刀对准相应部位。领子与领圈不相适宜时，一般在领圈肩缝处稍微抽拢，其余部位不要拉还或抽拢，夹缉0.1 cm明线，如图5-1-15所示。

图 5-1-15

8. 卷袖口、底边。

（1）袖口拷边后折转底边贴边缉1.5 cm明线，如图5-1-16所示。

图　5-1-16

（2）底边拷边后折转底边贴边缉1.5 cm明线，校对门襟，左右两边长短一致，如图5-1-17所示。

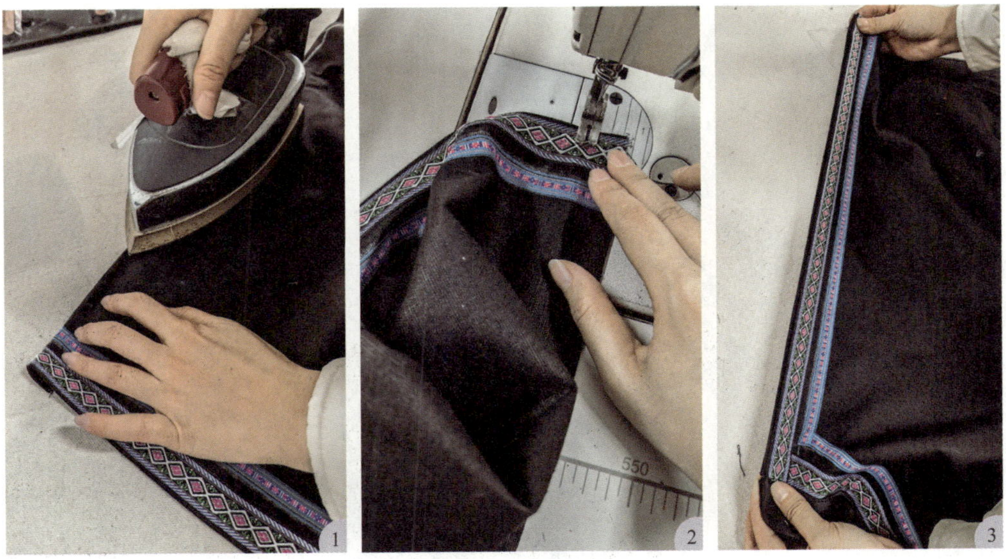

图　5-1-17

9. 钉盘扣。

（1）画扣位：第一副扣钉在领头下，最后一副距离下摆处15 cm，其余3颗均匀装在中间。

（2）钉扣方法：右衣片格钉纽襻，左衣片格钉扣坨，用细密针缝牢（也可以用衣车缉缝），纽襻条两端要折光藏盘条下面，如图5-1-18所示。

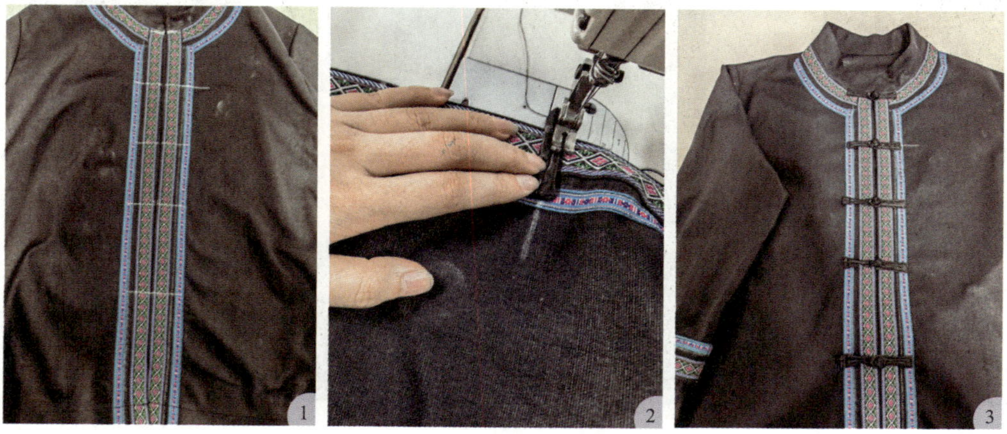

图 5-1-18

10. 整烫。

整烫前修剪线头，清洗污渍。熨烫时应根据面料性能合理选择温度、湿烫或干烫、时间、压力。浅色面料熨烫时要盖布，尽量避免直烫。丝绒面料不能直接压烫只能用蒸汽喷烫，避免倒毛而产生极光。

（1）整烫目的：平整，符合人体体形特征。

（2）整烫步骤：袖口→袖缝→摆缝→肩缝→衣身→下摆→领子，如图5-1-19所示。

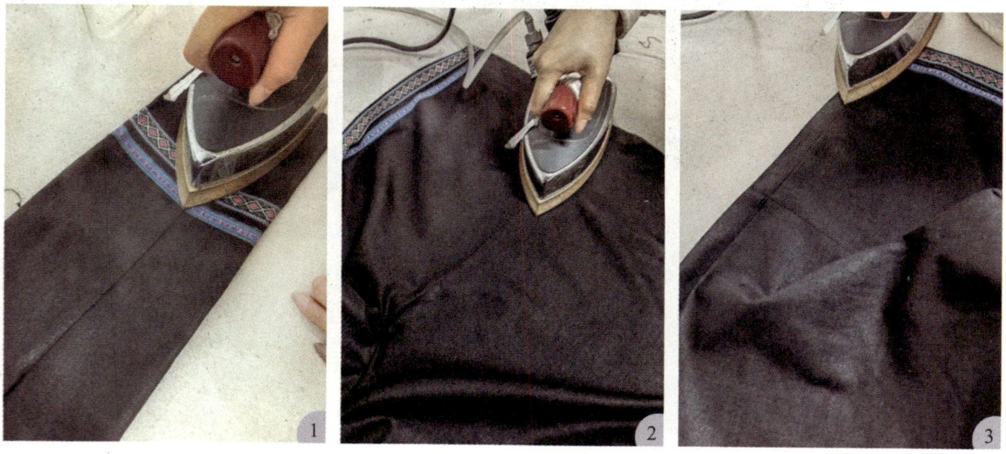

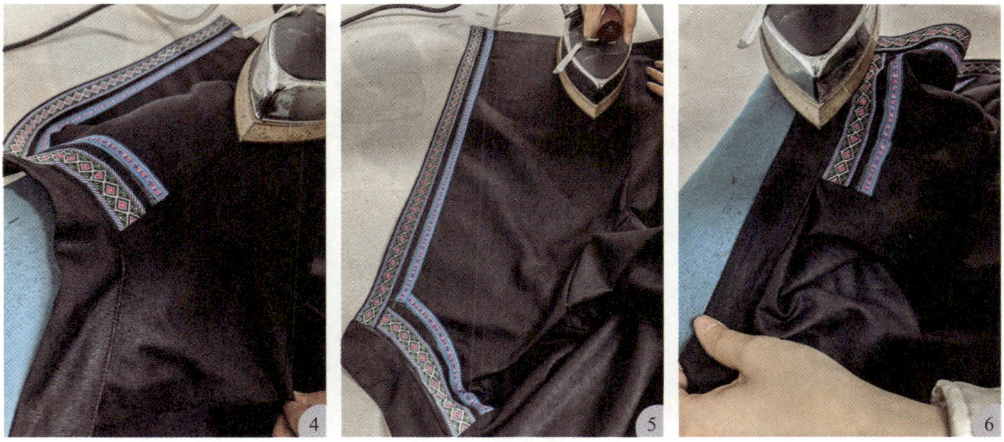

图 5-1-19

五、拓展练习

按照本节讲述的方法，我们还可以进行不同的搭配和设计，从而制作不同款式的民族上衣。可参考图5-1-20试做。

图 5-1-20

任务二 壮族男裤装制图与制作工艺

一、任务目标

独立完成一款壮族男裤装的制图与缝制。

二、任务描述

款式特点（图5-2-1）：深蓝色布制成，无花纹直筒缅裆长裤，裤长约105 cm，裤角宽阔（约36 cm），腰部肥大（腰围约85 cm）。

图 5-2-1

三、任务要求

本任务需要学生掌握壮族男裤装的制作流程，以培养其动手能力与审美能力，培养其做事的耐心，形成好学、好问的良好风貌。

1. 明确传统民族男裤的发展历程与民族特色。
2. 掌握壮族男裤的制作流程，能独立完成作品。

四、任务实施

（一）准备工作

1. 工具：剪刀、锥子、梭芯套、尺子、软尺、划粉等，如图5-2-2所示。
2. 材料：面料、粘衬、花边、针线等，如图5-2-3所示。

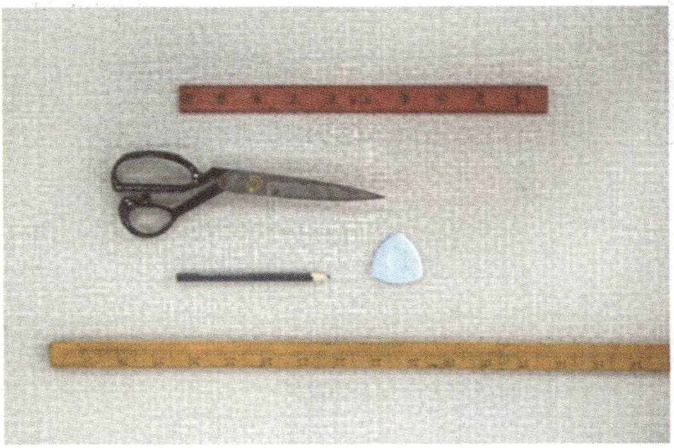

图 5-2-2

图 5-2-3

（二）结构制图（图5-2-4，单位：cm）

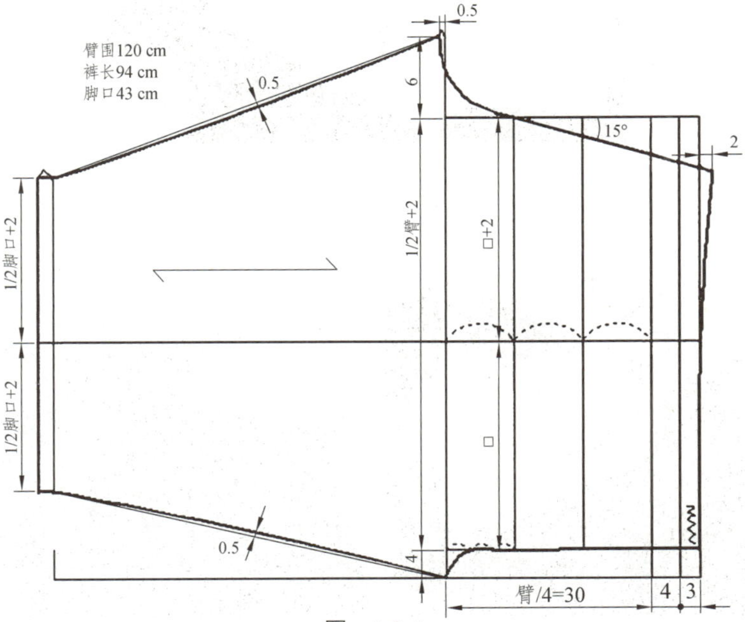

图 5-2-4

（三）制图工艺

1. 裁剪样板（图5-2-5）。

2. 将剪好的纸样，合理摆放在面料上，在面料上画缝口，如图5-2-6所示。

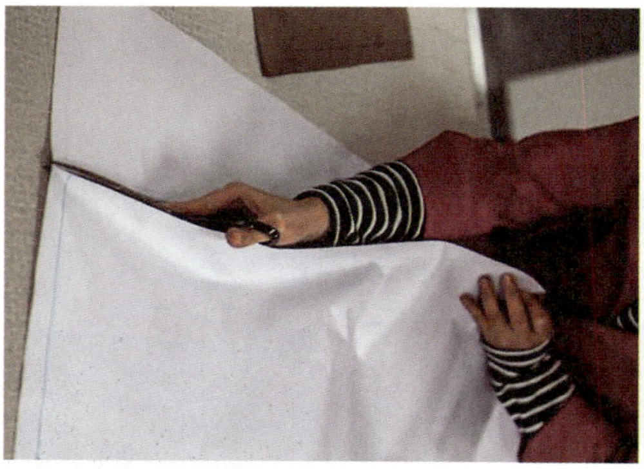
图 5-2-5

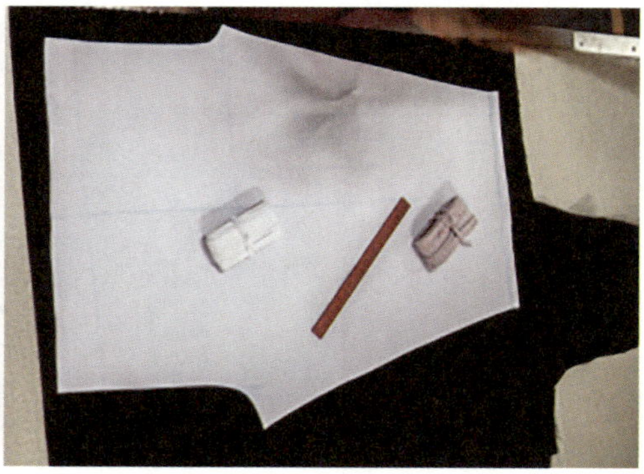
图 5-2-6

3. 裁剪裁布（图5-2-7）。

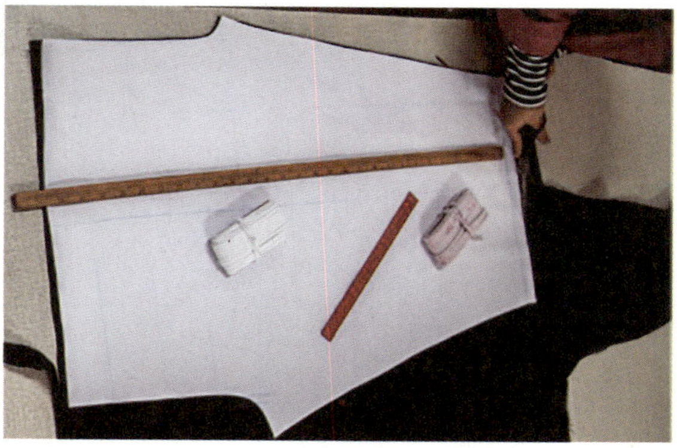
图 5-2-7

4. 拼裤侧缝（图5-2-8）。

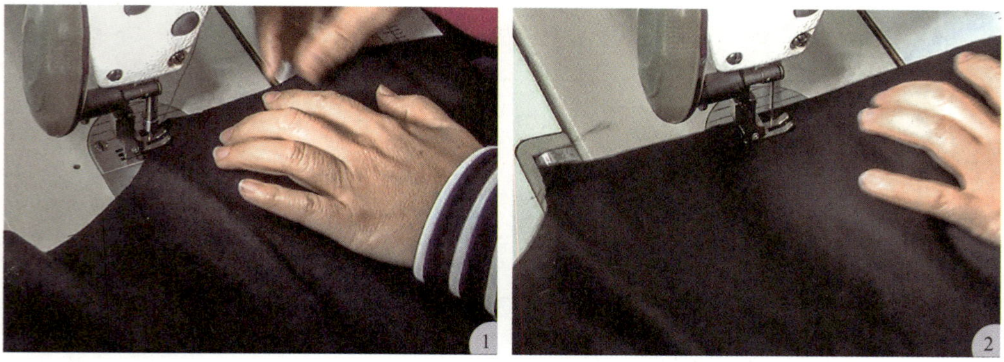
图 5-2-8

5. 裁片锁边（图5-2-9）。

图 5-2-9

6. 拼合前后裆缝（图5-2-10）。

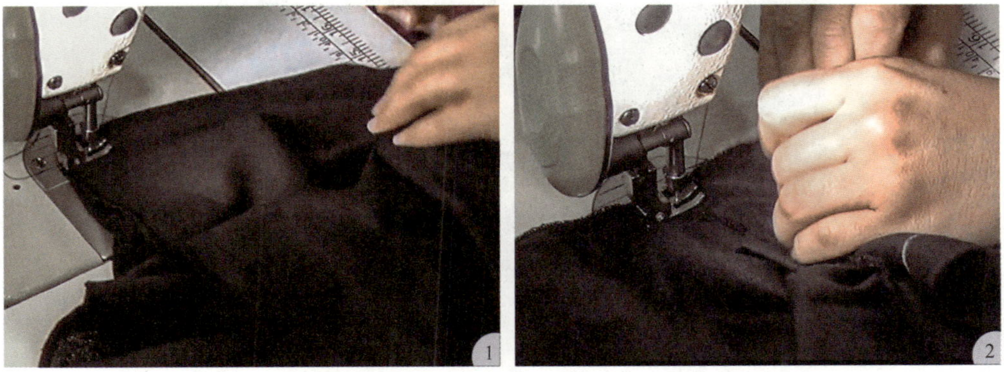

图 5-2-10

7. 车缝完成后，将止口翻折到里面，装腰头松紧带，如图5-2-11所示。

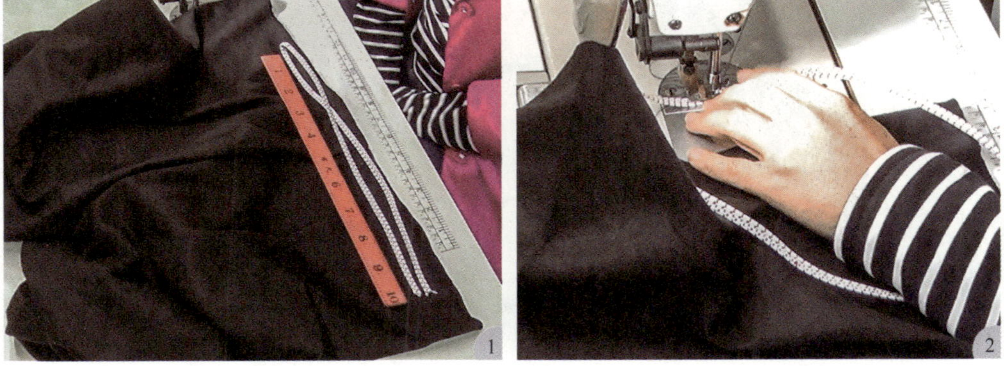

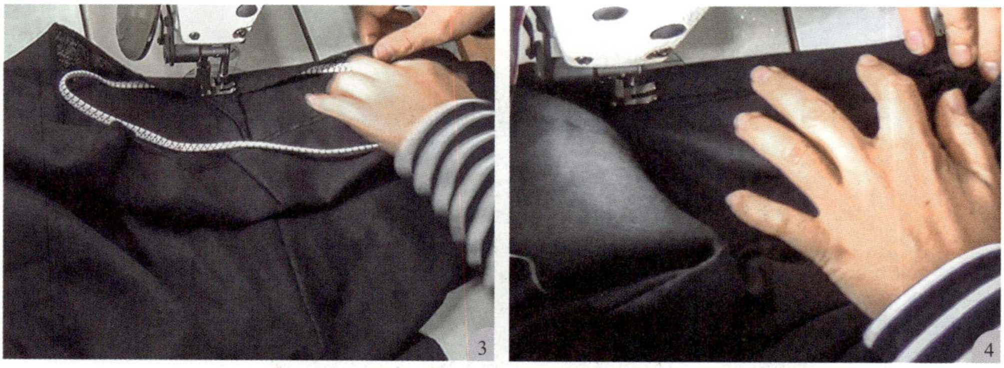

图 5-2-11

8. 还口2.5cm车脚口，如图5-2-12所示。

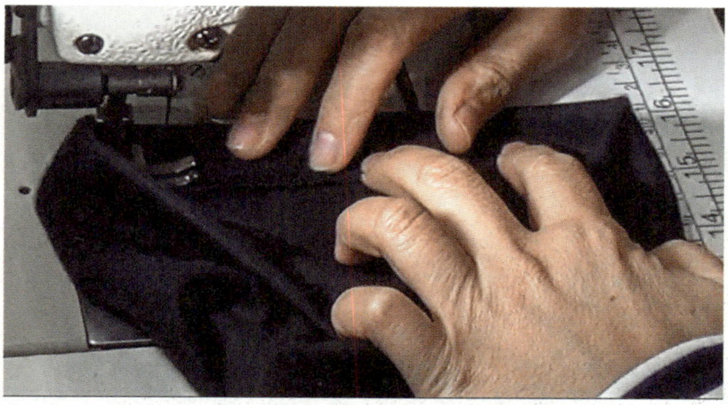

图 5-2-12

9. 脚口压花边，如图5-2-13所示。

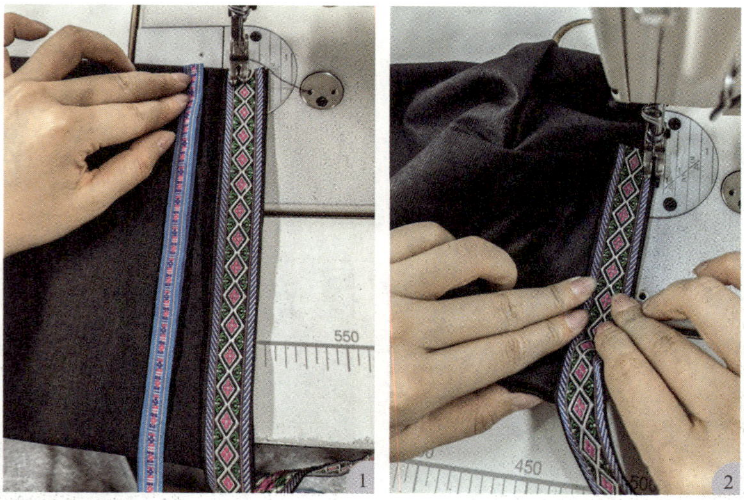

图 5-2-13

10. 整烫完成（图5-2-14）。

图 5-2-14

五、拓展练习

按照本节讲述的方法，我们还可以进行不同的搭配和设计，从而制作出多样的壮族男裤装。学生可以自行找图片进行参考。

项目六 | 壮族服装欣赏

项目介绍

- 课题名称：壮族服装欣赏。
- 课题内容：壮族服装欣赏。
- 课题时间：2～4课时。
- 教学目的：通过对壮族成衣的欣赏与分析，让学生对壮族服饰有一个整体认识，感受民族服饰的艺术性和独有的特色，激发大家对民族服装的热爱。
- 教学方式：分组教学、演示教学、任务驱动教学。
- 教学要求：1. 根据所学知识从专业的角度认真欣赏作品。
  2. 根据图片，结合所学知识撰写一篇鉴赏评论。
- 课前（后）准备：服装、图片、纸笔等。

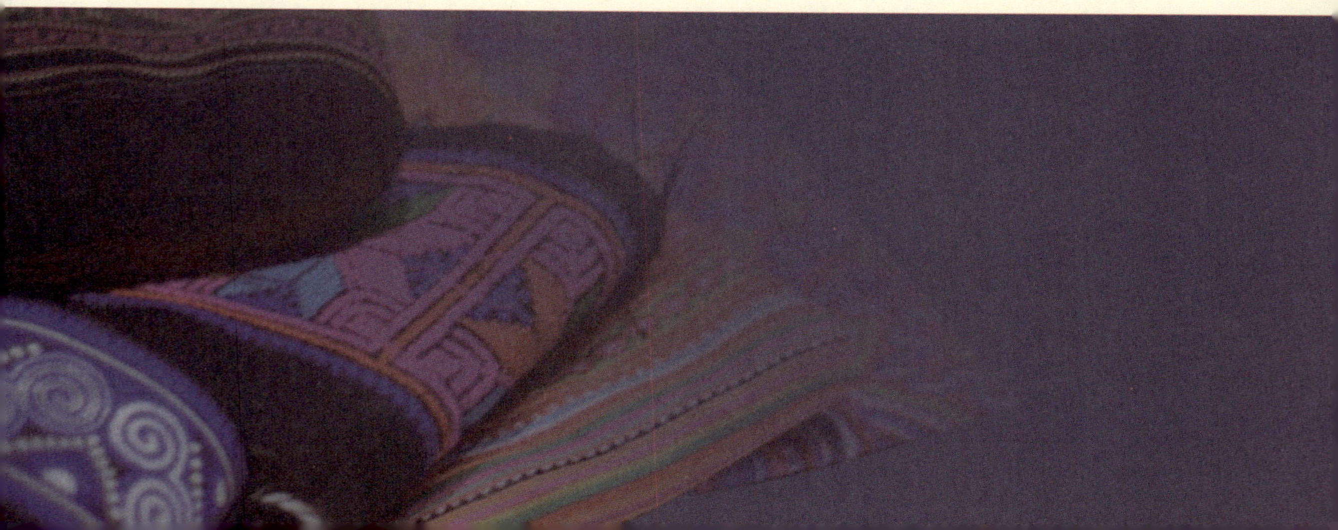

民族服饰

壮族服饰

参考文献

[1]杨庚兰，韦婷婷. 壮锦制作工艺[M]. 青岛：中国海洋大学出版社，2018.

[2]陈丽琴. 壮族服饰文化研究[M]. 北京：民族出版社，2009.

[3]玉时阶. 濒临消失的广西民族服饰文化[M]. 北京：民族出版社，2011.